噢！原來你家住這裡！

臺灣野生動物的呆萌宅宅日常

人氣生態漫畫家｜玉子

審訂｜林大利、曾文宣、曾柏諺

推薦序

透過玉子的筆與眼，自然觀察就是這麼有趣

林大利
特有生物研究保育中心助理研究員
澳洲昆士蘭大學生物科學系博士生

玉子又要出新書了!?等等……不管玉子嗑了什麼，都給我來一點！怎麼可以有人能夠圖文兼顧，圖畫得又快又好，文字又這麼有梗呢？這是什麼巫術？

玉子是優秀的圖文作家。我剛認識玉子的時候，她的志趣是透過圖文創作來讓大家認識大自然與怪里怪氣的野生動植物。知道牠們在我們生活周圍，過著什麼樣的日子、需要哪些資源、而又遇到了那些困境。多年下來，玉子不斷在實踐這一項目標，即便我認為已經實現了，她仍舊在自己的創作之路上不停的往前走。

從事自然觀察活動，說難也不難，說容易也不容易。有的時候，需要那麼些天

分和運氣，以及和野生生物的緣分。例如食蟹獴和穿山甲，牠們可不是容易在野外見到的哺乳類動物。透過玉子的圖文，這些稀少罕見的小動物，竟然也變得親近了起來，不再是難有一面之緣的神獸。

更令人感到喜出望外的是，玉子的圖文創作中，總是帶著恰到好處的知識與笑點，讓讀者的嘴角忍不住上揚，又同時不小心讓奇怪的知識增加了。能不斷創造帶有知識的普遍級的歡樂元素，大概就是玉子小精靈的神祕魔法吧，也難怪這麼多讀者對玉子的作品愛不釋手。

我很感謝玉子為臺灣的自然生態寶庫帶來這麼多唯妙唯肖的妝點，讓這些動物與植物變得更加平易近人。玉子和她筆下的野生動物朋友，總是有著引人注目的魅力，以及滿滿的親和力。透過玉子的圖文，能讓每個男女老少，輕輕鬆鬆地認識這些與我們共同生活在臺灣的角落生物。就連近年令人聞之色變的細菌與病毒，在玉子小精靈的魔法之下，也能變得無辜、親切又可愛。認識這些大自然裡的巨大中小微生物們，就不會那麼緊張害怕，反而還能有一絲絲的驚喜與親切感。

能透過輕鬆快樂的方式，認識臺灣山林河海中各種生物的熱鬧歡喜日常，是玉子帶給臺灣讀者的福氣。

目錄

Part 1 都市好鄰居

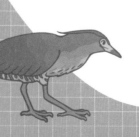

Part 2 山地小精靈

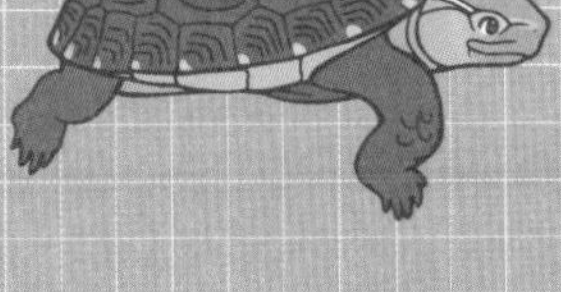

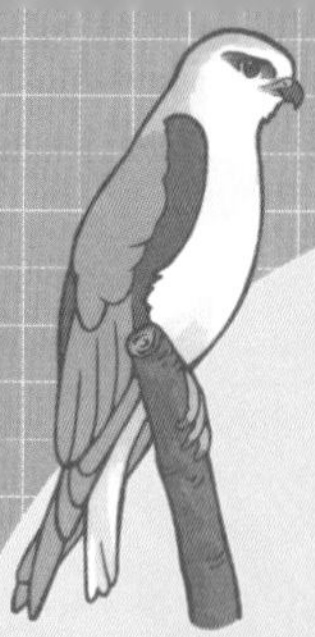

Part 3 農家子弟們

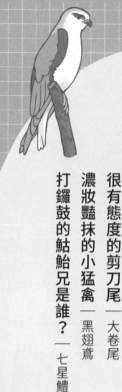

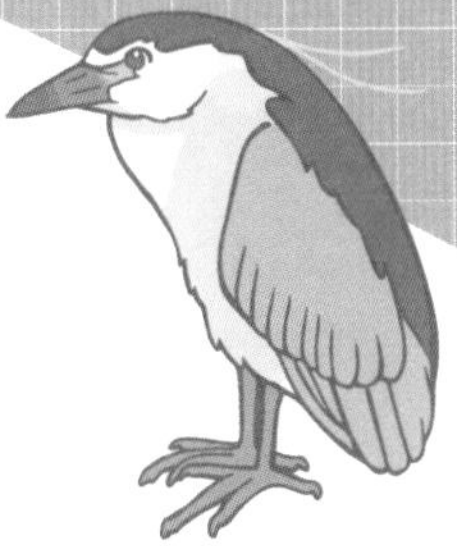

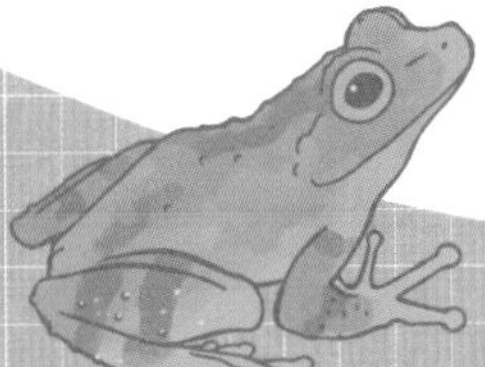

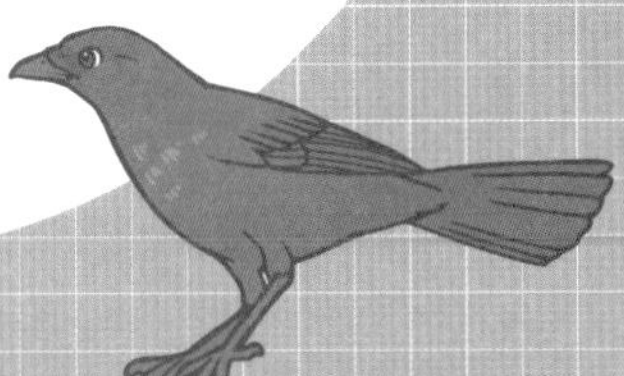

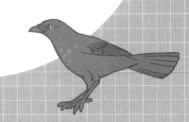

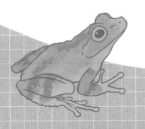

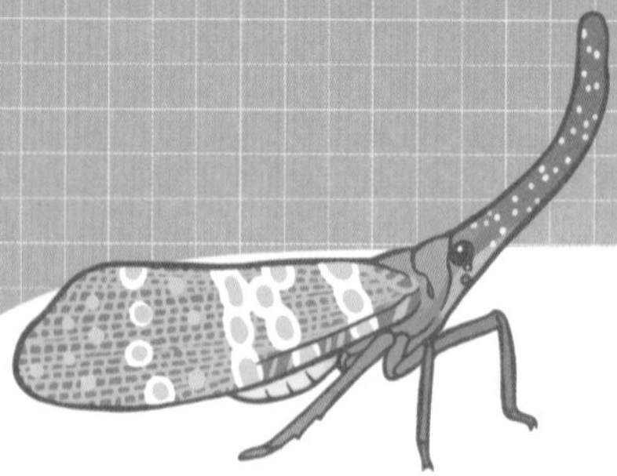

Part 5

來自海外的牠

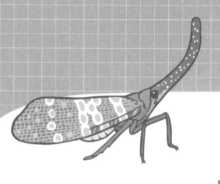

附錄

動物隨堂考

Part 1

都市好鄰居

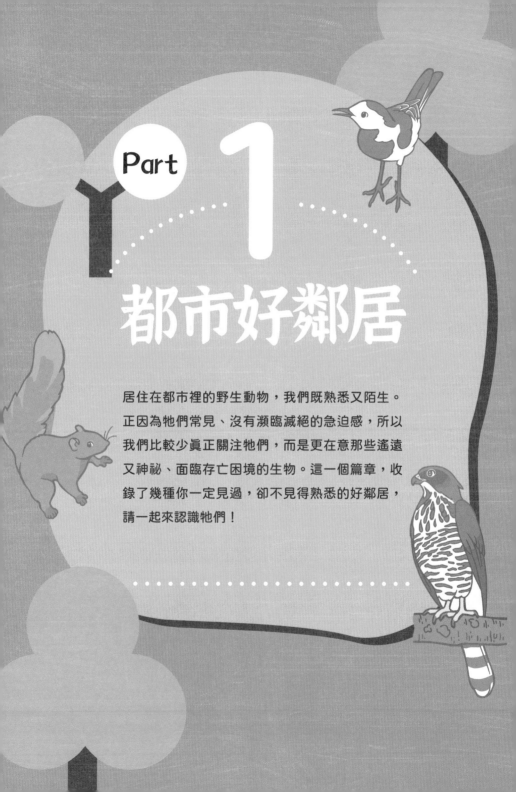

居住在都市裡的野生動物，我們既熟悉又陌生。正因為牠們常見、沒有瀕臨滅絕的急迫感，所以我們比較少真正關注牠們，而是更在意那些遙遠又神祕、面臨存亡困境的生物。這一個篇章，收錄了幾種你一定見過，卻不見得熟悉的好鄰居，請一起來認識牠們！

都

追追追，追著愛的南亞夜鷹

喔～

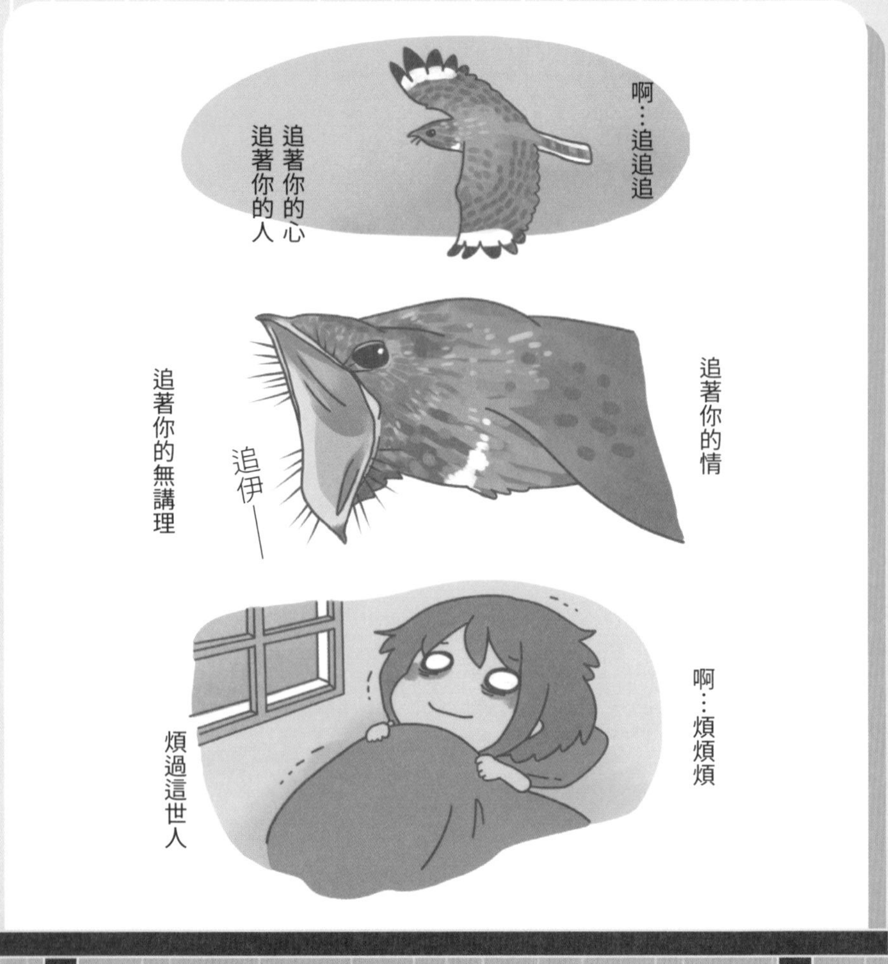
啊…追追追
追著你的心
追著你的人
追著你的情
追伊—
追著你的無講理
啊…煩煩煩
煩過這世人

南亞夜鷹

Caprimulgus affinis stictomus

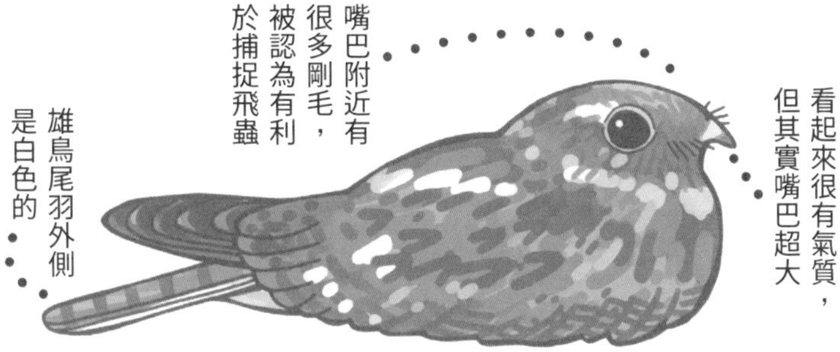
看起來很有氣質，但其實嘴巴超大
嘴巴附近有很多剛毛，被認為有利於捕捉飛蟲
雄鳥尾羽外側是白色的

南亞夜鷹棲息在空曠的礫石河床與空曠的草地，近年來，牠們逐漸適應都市生活，開始懂得利用都市的水泥屋頂繁殖。仔細一想，我們的大樓屋頂還真的很像光禿禿的河床，不是嗎？

玉子家每到夜鷹的繁殖期，每個晚上都會聽牠們叫到凌晨呢。南亞夜鷹「追伊」的鳴叫聲，有時候是男孩子「求脫單」的聲音，這個聲音隔著一定距離或許清幽，但是當夜鷹就坐在自家屋頂上「追追追」，那個分貝可就是不同次元的高昂尖銳了。失眠和淺眠的人，不免被吵得心情煩躁，想盡方法還是睡不著覺，甚至瀕臨抓狂邊緣：「啊煩煩煩，你怎麼還不脫單呢！」

大家能夠包容並喜歡夜鷹當然是最好的，但是如果真的被吵怕了，也有一些方法可以在不傷害夜鷹的情況下，提前預防夜鷹拜訪。我們可以在二到七月的夜鷹繁殖季開始前，將頂樓稍微布置、架設屋頂花園、做綠美化，夜鷹就會轉移陣地囉～畢竟……愛是強求不來的啊！

都

擬啄木，你啄木？

喔～

你啄木！
蛤？
對，我們是臺灣擬啄木。
不是啦！老公！
我是叫你去敲樹洞啦！你都敲幾天了還沒好？
老婆對不起！不然我們一起敲嘛～
真拿你沒辦法～

臺灣擬啄木

Psilopogon nuchalis

黃、黑、紅、藍和綠，是牠的五個顏色
嘴粗厚，基部有剛毛
腳趾前二後二，利於抓握

比起「臺灣擬啄木」，我們或許更熟悉牠的舊名字——「五色鳥」。

五色鳥曾被認為是臺灣特有亞種，但後來臺師大生命科學系教授李壽先經由分生技術鑑定，發現牠是獨立的物種，於是五色鳥得到了「臺灣擬啄木」的名字，同時也被提升為臺灣特有種！*

臺灣擬啄木可能出沒在都市中樹木較茂密的公園、校園、行道樹上。牠的色彩斑斕，而且「扣扣扣」的叫聲很像和尚敲木魚，所以又有「花和尚」的外號。儘管顏色豐富，臺灣擬啄木卻十分融入周圍環境，要想找到牠們還真不容易！此時敲木魚的聲音就成了一大線索，往音源探去，或許就有機會發現牠喔。

臺灣擬啄木跟我們容易聯想到的「啄木鳥」隸屬於不同科，但是牠同樣會以粗厚的喙，在合適的樹幹上鑿出樹洞，以便養育孩子。鑿洞工作主要由鳥爸爸擔任，牠會花上好幾天啄出一個超～圓的洞口。不知情的人撞見，或許還會疑惑是誰這麼無聊，在樹上打了一個洞？

＊「特有種」指的是物種只分布在某一個地方。比如「臺灣特有種」就只分布在臺灣，外地人只能來臺灣才看得到。

有的生物分布非常廣，同一種還會分出有點不一樣的形態，但又不足以被稱為獨立物種，研究學者把這些不同的群體視為「亞種」。「特有亞種」就是指這種生物的這個亞種只分布在某一個地方。比如白頭翁這個物種分布在亞洲東部，並在各地分出不同的亞種，臺灣的白頭翁便是臺灣特有亞種！

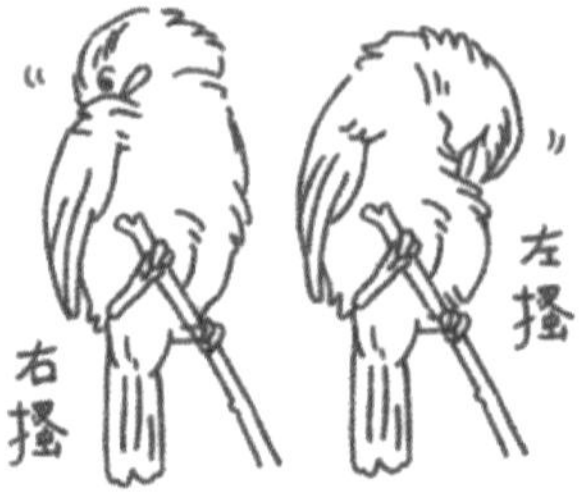

都

臭臭、老王

王錦蛇

Elaphe carinata

眼睛圓又大，
炯炯有神
成蛇的身體前半有雜紋，
後半顏色單一
鱗脊強，消光

王錦蛇是臺灣數一數二常見的蛇類，離人類的生活圈很近。俗稱「臭青公／臭青母」或「臭臭」、「老王」。許多人以為臭青公與臭青母不同，但其實指的是同一個物種喔！

王錦蛇之所以有「臭」名，是因為牠們受到刺激（如被抓、騷擾）時，會從「泄殖孔」*排出腥臭液體。聞過的人都說那個味道十分難忘，玉子本人沒有聞過，或許也算是一種幸福（？）

臺灣有好幾種相對大型蛇類，其中大家很容易把眼鏡蛇、王錦蛇、南蛇搞混。如果你遇見體型壯碩、體色暗沉的蛇，可以先看看蛇的頸部，如果有明顯的白色眼鏡紋，那是眼鏡蛇；接著看看蛇的鱗片，細如米糠、消光的是王錦蛇；鱗片又大又有光澤的，則是南蛇。除此之外，王錦蛇頭頂有大型的黑色邊緣鱗片，南蛇則沒有喔。

玉子發覺，某一些生物因為太常見，反倒不太被重視，甚至連照片都很少，更不用說相關的研究了。比如王錦蛇明明離我們這麼近，我們竟然到了二〇二一年才知道，馬祖跟臺灣本島分布的王錦蛇，其實是不同亞種！這個新發現真是讓人心虛，我們是不是應該更重視身旁的鄰居呢？

＊泄殖孔指的是糞便、尿與生殖細胞共同排出的地方。人類的「大號」跟「小號」是從不同地方排出的，但有些生物諸如爬行類、兩棲類和鳥類跟我們不一樣，牠們只有一個開口，就是所謂的泄殖孔。

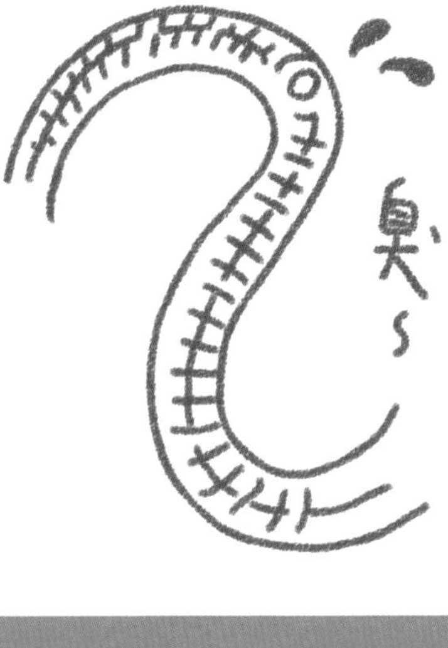

都

鳩隨便

臺灣的斑鳩

Streptopelia sp.

在都市的鐵窗上、電線桿上和公園等地方，都可以觀察到斑鳩。臺灣常見的斑鳩屬成員有紅鳩、珠頸斑鳩和金背鳩。

斑鳩跟另一種也很常見的灰色鴿子不一樣，灰色、會跟人討東西吃的是外來種「野鴿」，牠們因為賽鴿文化被隨意放飛到野外。斑鳩的體型比野鴿小一號，個性也比較害羞，見人走近多半會趕快拍拍翅膀飛走。

我們可以看脖子上的斑紋來辨識臺灣的斑鳩。脖子有整塊黑斑的是紅鳩；有黑白直條紋的是金背鳩；黑底白點的則是珠頸斑鳩。此外，紅鳩是其中體型最小的，且公鳥的身體往往呈現紅灰色；而金背鳩的公鳥背部羽緣帶有金邊，這些特徵也有助於你區分牠們。

斑鳩的巢常常在網路社團成為熱門話題，因為——牠們對築巢孵蛋的要求實在太低啦！每到繁殖季，常有網友在自家窗邊看到斑鳩築巢，而所謂的「鳥巢」竟然只是寥寥的三四根樹枝……當你以為這樣已經很隨便了，過幾天又會看到另一隻斑鳩直接在陽台的拖把下蛋，這個隨便程度根本逆天了啊！

都

霸凌事件發生!?

大樹那邊來了一隻蛇蛇!
什麼?
我們得快點找人手把牠趕走!
放心吧,已經沒事了。
要問為什麼?
因為我來了。
修但幾類
這位太太,請你冷靜一點!

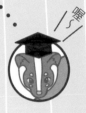

赤腹松鼠

Callosciurus erythraeus thaiwanensis

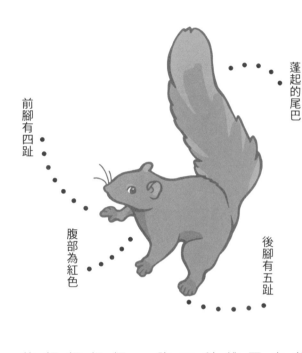

赤腹松鼠原生於北半球溫暖的亞洲地區，範圍包含臺灣、中國華中華南、海南島、越南、寮國、泰國，以及馬來西亞一小部分地區。根據林務局與中央研究院共同維運的「臺灣生物大百科」，松鼠科在臺灣有五屬六種的成員，其中三種是鼯鼠，另外三種則分別是赤腹松鼠、長吻松鼠和條紋松鼠。

肚子紅紅的赤腹松鼠最適應人類的干擾，也最常見，公園、校園都能看見。但不管再怎麼可愛，牠都是正港的野生動物，不能隨便把麵包或零食餵給牠們吃，高油高鹽的小零嘴很可能會危害到牠的健康。

赤腹松鼠在臺灣是原生的特有亞種，可以名正言順地活蹦亂跳。

但適應力強大的牠，到了其他國家就成了外來入侵種。有一篇日本研究，描述來自臺灣的赤腹松鼠（特有亞種）會群聚滋擾當地的日本鼠蛇（*Elaphe climacophora*）。看到蛇蛇的松鼠會以松鼠語大叫「來圍毆噢！」這個聲音類似尖叫，在一百公尺外就聽得到。松鼠聽見同伴的呼喊聲之後會逐漸聚集，牠們翹高尾巴、拉長身體，一下聞聞、一下又猛撲。你大概很難想像，可愛的松鼠在日本鼠蛇眼中，竟然是可怕的小混混。

每次的霸凌事件最多可能會出現5隻公松鼠，但母松鼠最多只會有1隻。這個現象可能是因為母松鼠的地盤不會彼此重疊，而公松鼠會。

進一步瞭解，會發現母松鼠在不同的育幼階段（懷孕期、哺乳期、斷奶期），會影響牠對「來圍毆噢！」呼聲的反應。懷孕時期的松鼠太太通常沒什麼興趣，但是已經在育幼的太太們就比較有反應，也會霸凌蛇蛇更久一點。總結來說，或許松鼠這麼兇狠霸凌蛇蛇，是為了抵禦蛇蛇去吃牠們的小孩。

講到這裡也要提醒大家，養寵物之前請了解牠的來源，更不要隨意放生。畢竟誰知道牠到了野外之後，會不會呼朋引伴地去欺負別人呢？

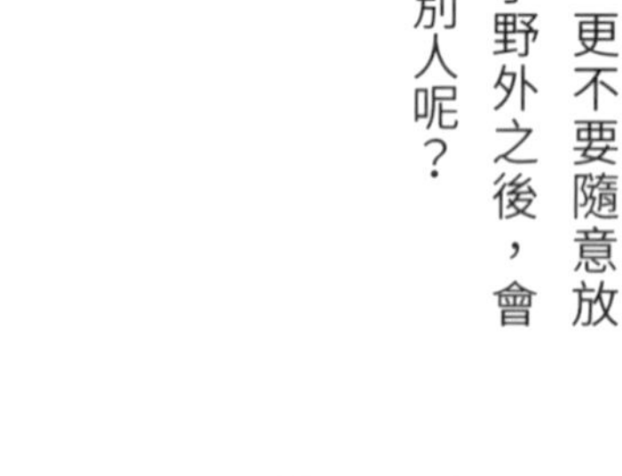

都

嗨嗨，要不要跟我白頭偕老？

喔～

白頭翁

Pycnonotus sinensis

鳥如其名，有白頭
（鵯科的鳥類常翹起龐克頭）

白頭翁、麻雀、綠繡眼，是鳥人口中的「都市三俠」。這樣的稱號，也說明這三種鳥兒在臺灣都市的常見程度。白頭翁除了都市外，也普遍出現在農耕地、都會公園中，嘹亮又急促的「嘰嘰嘰」總能吸引路人好奇的目光。

你可能知道「白頭翁」的名字由來，是因為牠頭後的白色羽毛，但你知道還有「烏頭翁」嗎？跟白頭翁不同，烏頭翁頭後沒有白色羽毛，嘴基還有一個紅色或橙色的斑點。

白、烏頭翁早年的分布可說是壁壘分明，白頭翁分布在中央山脈以西、楓港以北，以及蘇澳以北；烏頭翁則分布在花東地帶與恆春半島。但是近二十年來，臺灣交通逐漸便利，地理阻隔減小，再加上未經評估的不當放生，使白頭翁擴散到烏頭翁的地盤，兩方有基因污染現象，於是開始有人觀察到「雜頭翁」了。

白、烏頭翁除了頭部顏色外，不管是體型、鳴聲、繁殖季、食性和行為，看似都沒有什麼特殊分別。但是，如果把視野拉遠，我們會發現兩者的稀有程度差很多！

白頭翁的足跡遍及中國、海南島、琉球群島，以及臺灣。在白頭翁這個物種之中，目前有三到四個亞種被廣為認可，跟我們住在一起的白頭翁是臺灣的特有亞種。

但是，烏頭翁除了花東與恆春以外，世界上就再也沒有其他分布了，也因為這樣，有人稱呼烏頭翁為「臺灣鵯」，是絕無僅有的特有種！

從世界的角度來看，我們會發現烏頭翁是多麼珍貴，如果基因污染讓烏頭翁越來越少，實在是很可惜又無奈。玉子還真希望烏頭翁會像漫畫裡一樣，勇敢拒絕跟白頭翁成家呀！

都

搖屁屁的鳥

生活周遭的鶺鴒小精靈
灰背眼紋亞種
仔細看，只有我是小白臉！
白鶺鴒
白面亞種
黑背眼紋亞種
我有肉色腳腳！
灰鶺鴒
我的背灰中帶黃！
東方黃鶺鴒
稀有分隔線
身體扭
這裡只有我是左右搖～
山鶺鴒
身體扭

白鶺鴒

Motacilla alba

白鶺鴒有很多亞種，黑白區塊略有差異
上下擺動的尾巴

當你行經公園開闊地或水邊，可能會看到一種鳥正在急急地快步行走，接著做出招牌動作「擺動尾巴」，又繼續無影腳快步走。牠們就是鶺鴒鳥。

鶺鴒鳥有很多種，我們平常最容易看到的是白鶺鴒。有一部分鶺鴒科鳥兒的英文名稱叫做wagtail，意思就是「搖擺尾巴」。直接看英文俗名的話，白鶺鴒就是「白色搖尾」、日本鶺鴒則是「日本搖尾」，是不是可愛到讓人嘴角上揚？我們看到的鶺鴒大多都是上下擺尾，但是臺灣有一種稀有的山鶺鴒是左右搖擺，人稱「山搖搖」。

最為人熟知的白鶺鴒被分為眾多亞種，全部都由黑、灰、白的色系組成，並不容易分辨。我們可以在臺灣觀察到三個亞種：沒有過眼線的稱為白面亞種 *leucopsis*；有眼紋、背部是黑色的亞種是黑背眼紋亞種 *lugens*；而有眼紋、背部灰色的亞種則是灰背眼紋亞種 *ocularis*。

如果你已經會分辨上面三隻，可以挑戰分辨灰鶺鴒和黃鶺鴒。因為灰鶺鴒的肚子很黃，黃鶺鴒的頭部也有一點灰，初學者很容易傻傻分不清楚。玉子習慣看牠們的背部，純灰色的是灰鶺鴒，而背部灰中帶黃的是黃鶺鴒。只不過，遇到非繁殖期、幼鳥的黃鶺鴒，這個方法可能不管用，這時就要看看牠們的「鳥仔腳」，肉色的是灰鶺鴒，黑色的就是黃鶺鴒啦！

除了白面白鶺鴒有留鳥族群之外，其他種類的鶺鴒大多要選在特定的季節觀察，牠們若不是冬候鳥、過境鳥*，就是迷路來臺灣的鳥。玉子建議大家鎖定九到十月的入秋時節，此時能觀察到的鶺鴒鳥應該是很豐富的唷！

*當秋季來臨，許多鳥類會陸續從北方飛來。在這些遷移性的鳥類中，留在臺灣度過整個冬季的，稱為「冬候鳥」；有些鳥的目的地則在更南邊的地方，只短暫在臺灣歇歇腳便動身離開，稱為「過境鳥」。

都

蟾蜍大不同

喔～

太太我喜歡你，我們交往吧！
修但幾類！
黑框眼鏡已經退流行了⋯而且我不愛你的黑指甲⋯
這些都是黑眶蟾蜍天生的特色！
黑框眼鏡
黑指甲
但我是盤古蟾蜍。

臺灣的蟾蜍

Bufonidae

盤古蟾蜍耳後腺有大黑斑
黑眶蟾蜍的黑色骨頭稜脊明顯
盤古蟾蜍的體型可以長比較大
有黑色指甲

在都會公園、住家的小庭院散步，轉角遇見蟾蜍時，不免驚嘆：「你真的有夠大隻、有夠肥的啦！」也難怪〈兒時記趣〉一文會用「龐然大物」來形容牠呢。

說起蟾蜍，我們總會覺得牠們一身疣粒疙瘩，相較於青蛙的光滑皮膚，好像比較「醜陋」。（但其實很多蟾蜍以外的蛙類，皮膚也有小顆粒！）此外，蟾蜍擁有耳後腺體，在遭遇危險時會釋放有毒物質，或許這樣的習性也讓人對蟾蜍有點害怕。甚至還有俗話說「癩蝦蟆想吃天鵝肉」，用以比喻不自量力、癡人說夢，蟾蜍的形象實在不怎麼好。

臺灣的原生蟾蜍科成員有兩

種：黑眶蟾蜍和盤古蟾蜍，分別牠們最簡單的方式，便是看牠有沒有戴著黑框眼鏡、長著黑色指甲。如果具備這兩個顯眼的特徵，就是黑眶蟾蜍囉！如果你看見蟾蜍的耳後腺下方有大塊黑斑，那就是盤古蟾蜍。盤古蟾蜍的體型通常會比黑眶蟾蜍大一號，體型可達十公分！

若是撇除成見，臺灣的兩種蟾蜍也有可愛的一面。牠們表情憨呆，動作也笨笨的。若只是輕輕捧起牠們，而不要嚴重傷害到牠，其實也不會分泌出毒液。但抓完還是要洗手喔！

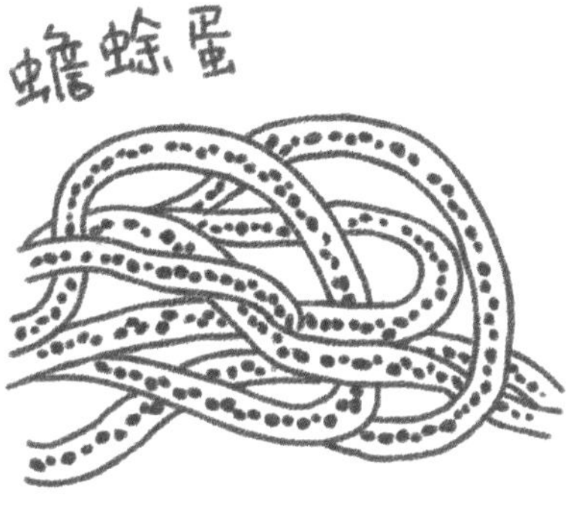

都

從稀有到老朋友

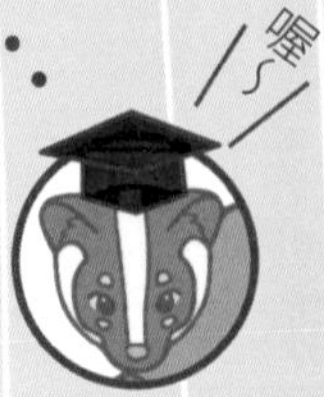

黑冠麻鷺

Gorsachius melanolophus

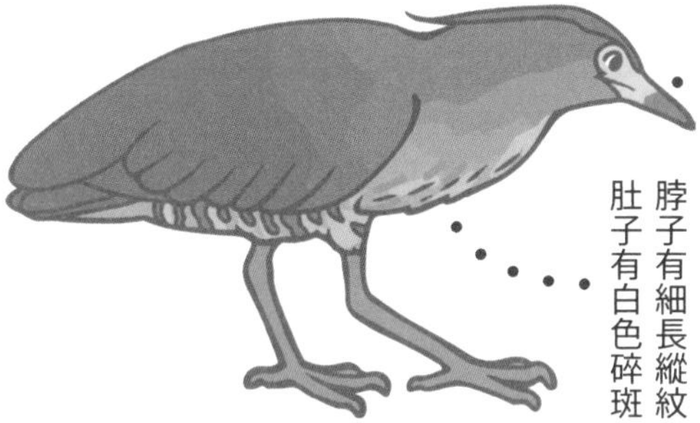
頭頂有黑冠
眼前皮膚呈藍色調
脖子有細長縱紋、肚子有白色碎斑

黑冠麻鷺又被暱稱為「大笨鳥」，牠們時常呆愣著站在原地不動，好像這麼做就不會被發現一樣。

「大笨鳥」早已深入我們的生活，在公園、校園草地，我們常可以看到牠壓低身子、專注感受土壤裡的動靜……下一秒，突擊！一場黑冠麻鷺跟大蚯蚓的拔河比賽上演。

如今黑冠麻鷺隨處可見的盛況，令人難以想像約三十年前，牠在臺灣竟是一種稀有鳥！究竟這十幾年來，黑冠麻鷺族群量增加與分布擴張的原因是什麼，目前還沒有人真正確定。無論如何，國外的鳥友若想一睹這個物種，來臺灣找可能是最簡單的。

如今全世界都在經歷快速的都市化，多數生物難以適應，但也有少數物種突破重圍，走進都市環境。仔細一想，都市不好嗎？若有適當的環境成為替代性棲地，再加上不怕人，也能像黑冠麻鷺一樣適應都市生活。不過，這幅祥和的場景，也唯有在愛護動物、公民素養好的地方才可能發生。

都最強直播主

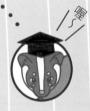

這直播真是太可愛啦～叔叔親一個！
欸！你在看什麼奇怪的直播？
鳳頭蒼鷹育兒直播
KouTube
2020鳳頭蒼鷹直播精彩片段
RRGTAIWAN．觀看次數 276697．1天前
好⋯
好可愛⋯

鳳頭蒼鷹

Accipiter trivirgatus formosae

頭後方有小短冠
跟松雀鷹很像，但鳳頭的腳較粗，也露出較少，嘴喙較長、中趾較短

帥帥的鳳頭蒼鷹是臺灣的留鳥猛禽，牠們原本居住在淺山、後來進軍都市。鳳頭蒼鷹頭頂的小短冠是牠名字的由來，白白淨淨的尾下覆羽常被戲稱是「尿布」。

每逢春季，是鳳頭蒼鷹生兒育女的時期，適應都市生活的牠們，有時候會選擇在公園的樹上築巢，例如臺北市的大安森林公園就時常有鳳頭蒼鷹進駐呢！台灣猛禽研究會和園方合作，在巢位架設攝影機，為大家帶來二十四小時不間斷的溫馨育雛直播。

透過轉播，我們得以不打擾的方式，將鳳頭蒼鷹的生活點滴盡收眼底，也發現牠們可愛的另一面。

鳳頭蒼鷹爸媽會一起養育孩

子，分工方面主要由鷹爸爸外出打獵、鷹媽媽顧孩子。

讓人會心一笑的是，負責出門打拚的鷹爸爸似乎在育兒方面總是少一根筋，有時會不小心把大餐砸在小孩身上；鷹媽媽暫時外出的時候，鷹爸爸也很可能面臨「不知道怎麼餵小孩」的尷尬局面，叼著食物想了半天，最後竟然自己默默吃起來。（喂！）

想看鳥界第一網紅爸媽的直播嗎？下次春暖花開的時節，不要錯過囉！

Part 2

山地小精靈

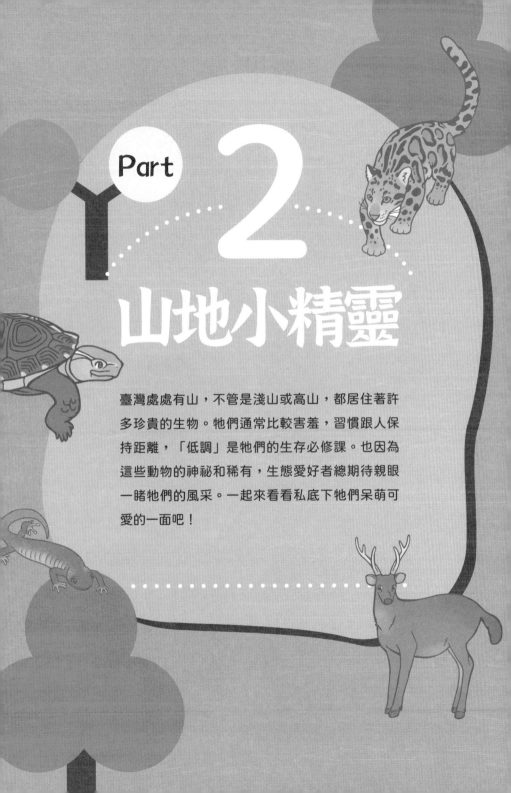

臺灣處處有山，不管是淺山或高山，都居住著許多珍貴的生物。牠們通常比較害羞，習慣跟人保持距離，「低調」是牠們的生存必修課。也因為這些動物的神祕和稀有，生態愛好者總期待親眼一睹牠們的風采。一起來看看私底下牠們呆萌可愛的一面吧！

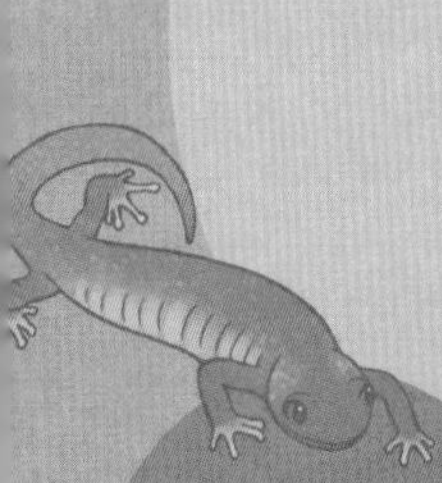

山

一句話惹怒麝香貓

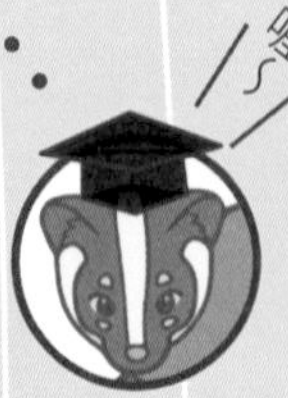

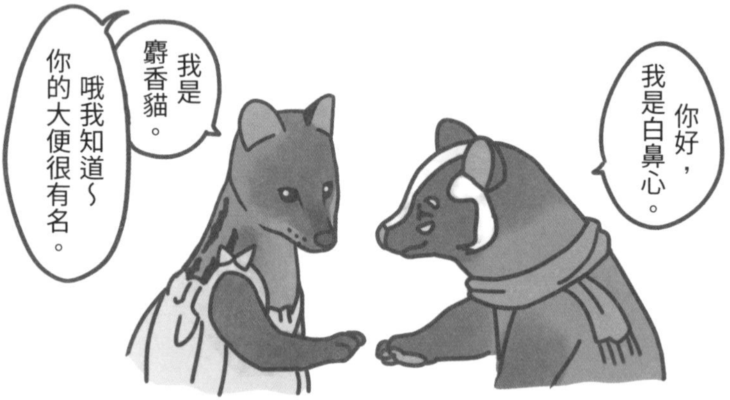

你好，我是白鼻心。
我是麝香貓。
哦我知道~你的大便很有名。

本來想說點什麼，但想想算了

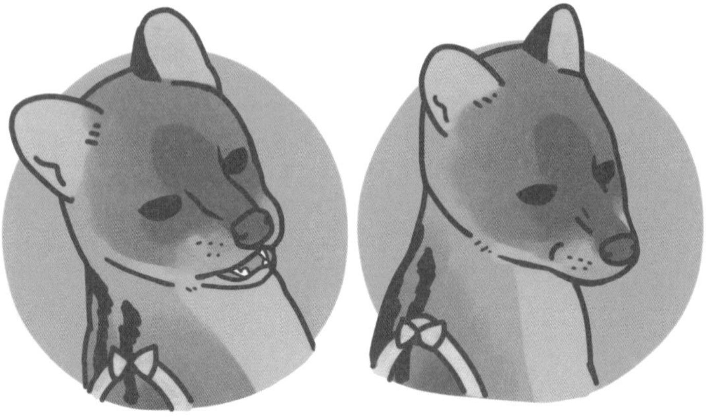

麝香貓

Viverricula indica pallida

尾巴一節節的，有七到九個環
身上布滿斑點，在背部則略呈條狀
吻部尖尖像狐狸
屁屁有麝香腺

聽過「麝香貓咖啡」的人，通常都知道這是來自被麝香貓吃掉後，再跟著糞便一起排出來的半消化咖啡豆做成的。但是臺灣的「麝香貓」（*Viverricula indica pallida*）其實是肉食性動物，以小型鼠類和昆蟲為主食。牠不會吃咖啡果實，牠的大便當然也不能拿來煮咖啡囉。

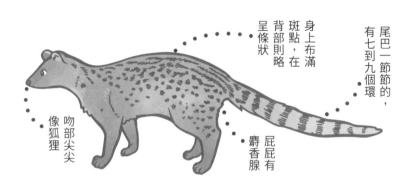

其實，「麝香貓咖啡」是來自於另一個生物——「椰子狸」（*Paradoxurus hermaphroditus*）。椰子狸的雜食偏食果性、半樹棲性等特質，跟白鼻心比較接近。

從分類關係來看，椰子狸跟白鼻心也都屬於Paradoxurinae這個亞科，臺灣麝香貓反而是這三種靈貓科動物中，關係跟人家最遠的呢。

因此，當大家對牠的第一印象總是咖啡大便時，牠可是會很惱怒的喔。

臺灣麝香貓不會拉咖啡大便，某個角度來說可能也是種幸運。因為麝香貓咖啡的流行，許多野生椰子狸被捕捉、圈養在狹小髒亂的籠子，被強迫餵食咖啡果、再也不能自由活動、吃昆蟲或其他果實，非常可憐。

在購買任何動物相關產品時，請留心商品背後是否可能有動物遭到虐待。即使牠們遠在國外，但是我們的消費習慣，仍然緊密地牽引著牠們的命運！

山

喵喵叫的臺灣雲豹

喔～

跟你說個故事～
傳說有兩個傻瓜…
小笨笨只會說「沒有」，
大笨笨只會搖搖頭。
這故事你聽過嗎？
沒有～～
meow（喵）
你是小笨笨
噗

臺灣雲豹

Neofelis nebulosi

尾巴跟身體等長
背頸部有黑色縱帶
身上的大環帶有如雲朵

「傳說很久以前有兩個傻瓜，小笨笨只會說『沒有』，大笨笨只會搖搖頭，你聽過這個故事嗎？」玉子最喜歡在愚人節捉弄只會說「沒有」（meow meow）的貓科動物啦！你沒有聽錯，雲豹不會像老虎那樣大吼，而是和貓咪一樣是喵喵叫喔！

貓科動物之中，獅子、老虎、花豹（leopard）和美洲豹（jaguar）會有低沉的吼叫聲，這可能是因為這幾個物種（豹屬的成員）的舌骨上方骨化不完全，這樣的彈性共鳴腔使牠們能夠產生低沉的吼聲。而其他貓科動物包含獵豹、雲豹、石虎等等，都沒有這個能力。

雲豹身上有如同雲朵的環狀斑

紋，是牠們得名的原因，長長的尾巴與粗短的四肢，也暗示了牠們擅長攀樹。這個美麗的生物在世界上有兩個物種，一是分布於婆羅洲與蘇門答臘島的巽他雲豹（*Neofelis diardi*），二是分布於中國南方與東南亞半島的亞洲雲豹（*Neofelis nebulosa*）。臺灣雲豹屬於後者，可惜臺灣的族群在經歷長達十三年、超過兩千五百個地方的自動相機偵測失敗後，已經宣布地區性滅絕。

這不免令人想起同在臺灣生活的另一種原生貓科動物——石虎。牠和雲豹一樣都是獵食、求生的佼佼者，也都面臨棲地被干擾、破壞的危機。雲豹已經從臺灣消失，我們能不能讓臺灣石虎長長久久陪伴著我們呢？

山

喔～

誰說「鹿不食遺」？

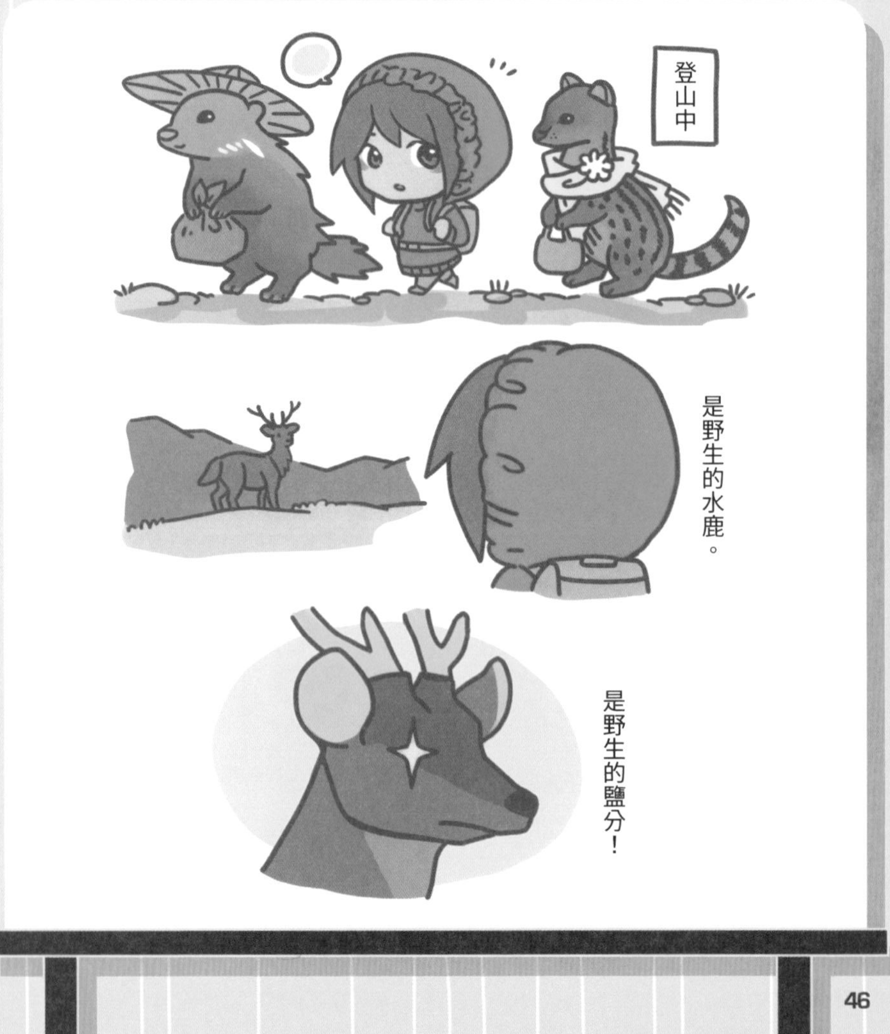

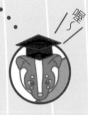

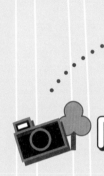

臺灣水鹿

Rusa unicolor swinhoii

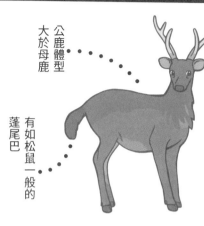

公鹿體型大於母鹿
兩歲後鹿角開始分歧，且角每年脫落更換
有如松鼠一般的蓬尾巴

趁著天氣好去登山，最適合拍照打卡了！但是在旁邊上廁所的角落，竟然成為臺灣水鹿很夯的打卡點，甚至還會為此互相驅趕、追打，這是怎麼回事!?

水鹿會去舔食登山客的尿液，因為水鹿植食性的食性，裡頭缺乏鈉鹽等礦物質，需要舔食鹽鹼地，以獲取牠們生存所必要的營養。鹽分在牠們的棲息環境中十分珍貴，因此，登山客在牠們眼中就意外成為新鮮鹽分的供應來源，有些水鹿還會在登山客的帳篷周圍閒晃，等著搶得先機！

此外，水鹿還有一個有趣的俗名「四目鹿」，因為牠的眼睛前面有「眶下腺」，也有人稱「眼下腺」。這個構造在水鹿興奮、生氣的時候會張開，乍看就好像有四隻眼睛一樣。我們時常能在偶蹄目動物的眼角發現「眶下腺」，像是山羌、臺灣野山羊也有這個構造喔！

雖然我們都具備吸引水鹿的祕招，但水鹿畢竟是野生動物，還是有一定程度的危險性，以及人畜共通的傳染病跟寄生蟲，別忘了還是要保持適當距離唷。

山

就愛蹭蹭

喔~

野山羊先生，這本書送給你。
哇，妳人真好~感謝！
如果怕別人拿走，你可以在上面寫名字。
妳說得有道理~
咦，好可愛
蹭臉
蹭臉

臺灣野山羊

Capricornis swinhoei

公母都有角，且終生不脫落
短小的尾巴
喉部為淺黃褐色

臺灣野山羊的舊名是長鬃山羊，被認證屬於臺灣特有種、且缺乏日本表親的長毛特徵以後，才改為現在這個名字。

為什麼漫畫中的山羊要拿書蹭臉呢？上一篇說過，臺灣野山羊和臺灣水鹿一樣，臉部有所謂的「眶下腺」，牠會將分泌的腺體塗抹在樹枝或凸出的石塊上，來標記牠的領域。

雖然叫做「臺灣野山羊」，但牠是屬於「牛科」喔！什麼，這豈不是「指羊為牛」？別急，先聽玉子解釋：原來，我們一般習慣將「水牛屬」、「牛屬」等動物稱為「牛」，但在這個分類之上，還有一個更大的「牛科」。

牛科分類底下的成員很豐富，除了牛之外，還包含羊跟羚羊。這些動物被分類在牛科的依據是牠們的角，牛科動物的角是中空的，且終生不會脫落。相較之下，水鹿、山羌等鹿科動物的角則是實心，會掉落更換。這是牛科跟鹿科動物之間的重要差別。

總之，「牛科」不能直接跟我們認知的「牛」劃上等號。但也不必大驚小怪，生物本來就都有親緣關係，只是關係遠近的差別而已！

山

擬龜殼花，你不是龜殼花！

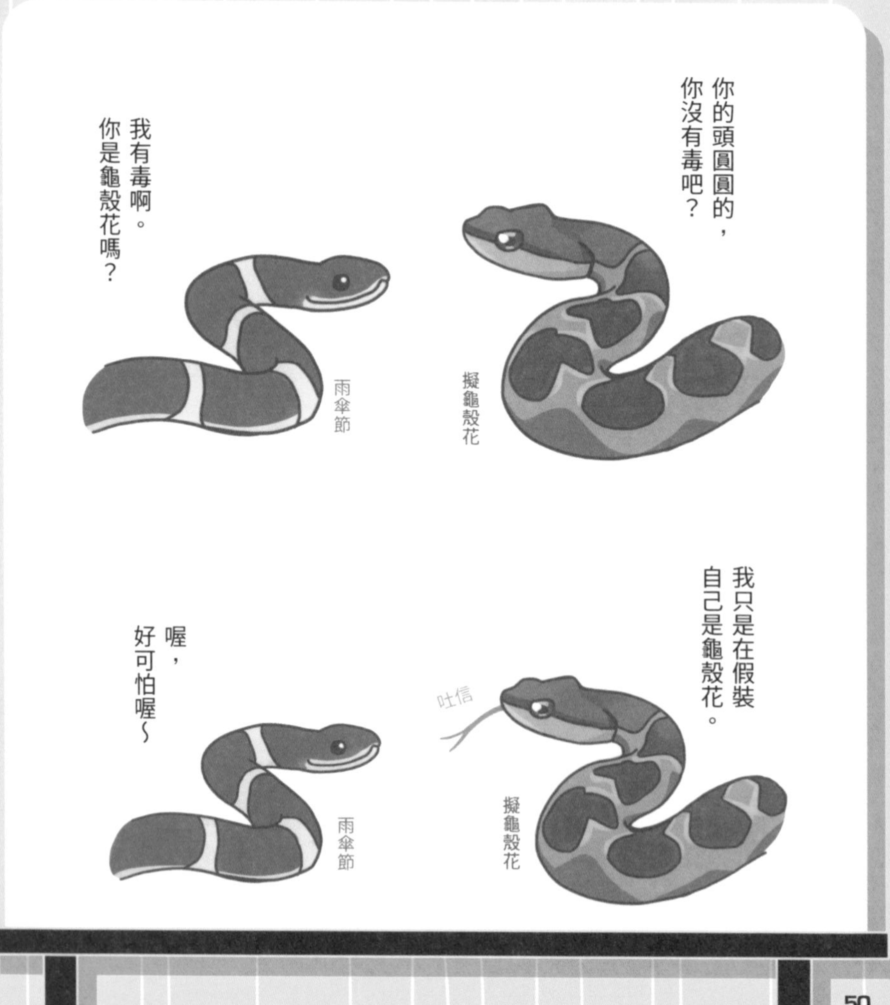
你的頭圓圓的，你沒有毒吧？
擬龜殼花
我有毒啊。你是龜殼花嗎？
雨傘節
我只是在假裝自己是龜殼花。
吐信
擬龜殼花
喔，好可怕喔～
雨傘節

擬龜殼花

Pseudagkistrodon rudis rudis

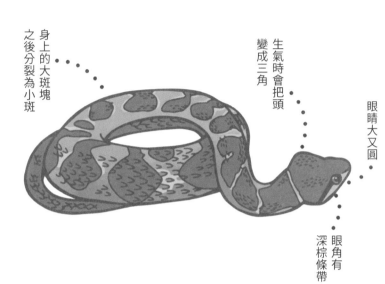

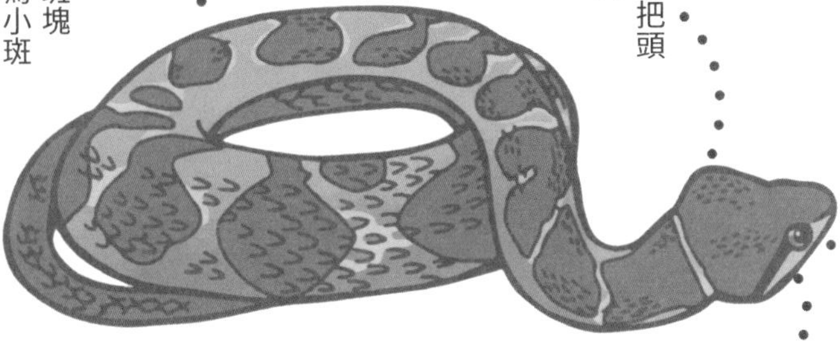
身上的大斑塊之後分裂為小斑
生氣時會把頭變成三角
眼睛大又圓
眼角有深棕條帶

聊到蛇蛇時，大家通常第一句就是問：「牠是誰？牠有毒嗎？」

臺灣毒性強的蛇類有十二種，比較有名的包括龜殼花、眼鏡蛇、雨傘節、赤尾青竹絲、百步蛇，以及鎖鏈蛇等，人們遇到不認識的蛇，通常也會先從這幾個名字開始猜。

但就像漫畫中的「擬龜殼花」其實並不是真的龜殼花。很多人也常把「大頭蛇」認成「龜殼花」；無毒的「青蛇」認成「赤尾青竹絲」；或者把無毒的「白梅花蛇」認成「雨傘節」。

坊間流傳著各種辨識毒蛇的懶人包。你可能也聽過「頭呈三角形就是毒蛇」，網路甚至還有「看肛門鱗片」的說法。但是玉子要告訴大家，這些方法都不準！眼鏡蛇、雨傘節的頭都是圓的，看屁屁鱗片也沒辦法認出誰有毒。更何況，在不知道對方是什麼蛇的狀態下，可不要隨便把蛇蛇抓起來觀察鱗片啊……

事實上，不管有毒或無毒，只要是蛇，看到人都只想要主動逃走或裝傻，不會沒事過來咬人。我們也不該認為毒蛇就應該殺死，畢竟牠也是這塊土地的一份子。只要多一分瞭解，就能好好保護自己，也能擺脫不必要的恐懼。

＊二〇一八年，日本研究團隊重新整理亞洲遊蛇科的分類，並倡議將擬龜殼花的學名組合恢復，將牠的*Macropisthodon*屬改回以前使用過的*Pseudagkistrodon*屬。依據這個研究倡議，本書學名採用了後者。

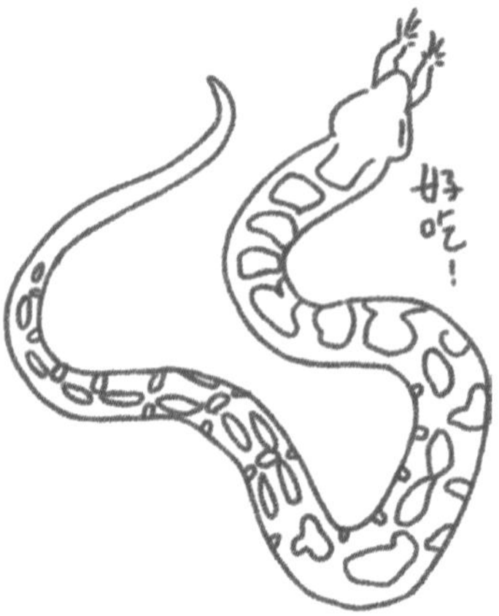

山

龜在家裡不出門

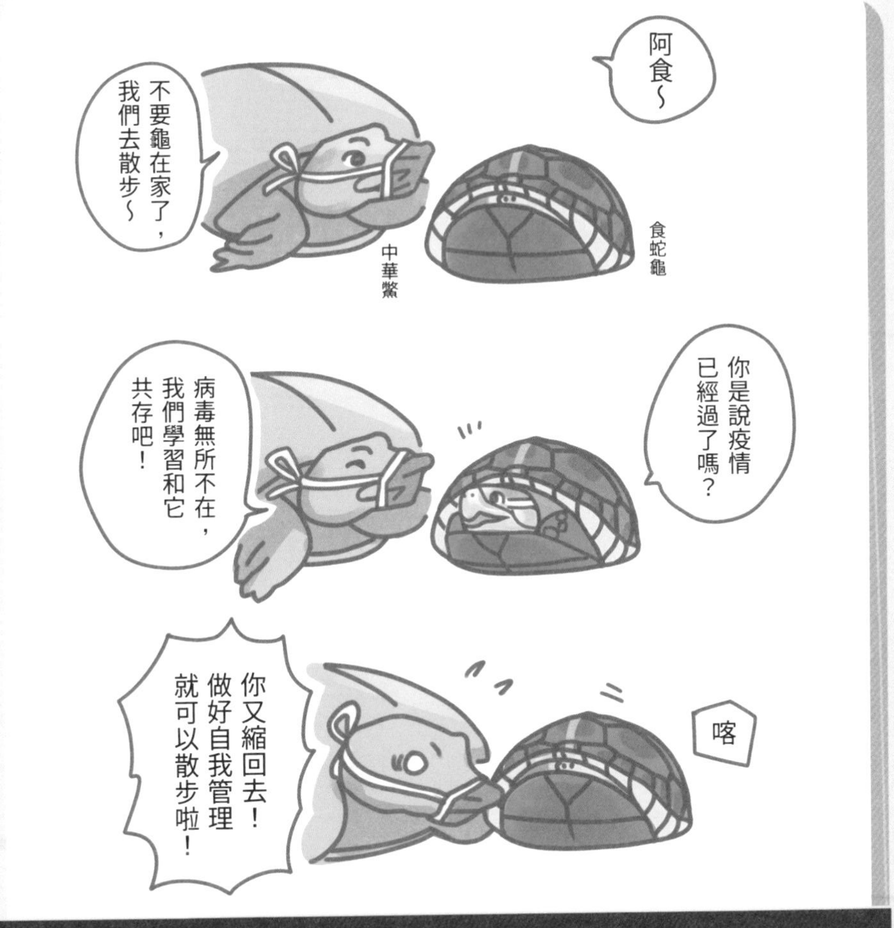
阿食~
不要龜在家了，我們去散步~
中華鱉
食蛇龜
你是說疫情已經過了嗎？
病毒無所不在，我們學習和它共存吧！
喀
你又縮回去！做好自我管理就可以散步啦！

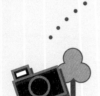

食蛇龜

Cuora flavomarginata flavomarginata

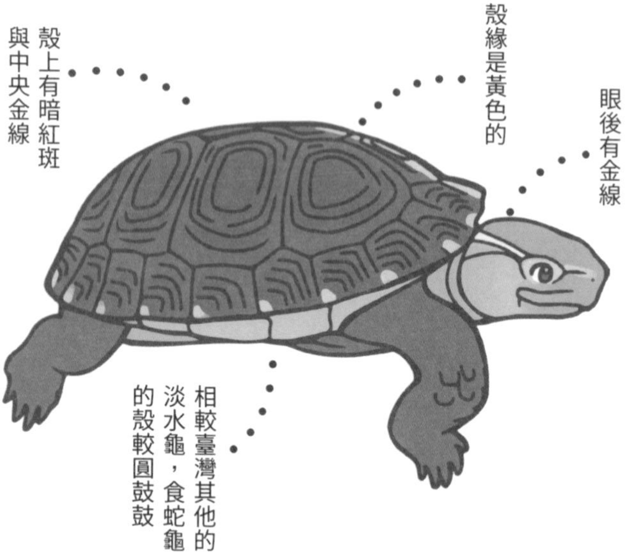
殼上有暗紅斑與中央金線
殼緣是黃色的
眼後有金線
相較臺灣其他的淡水龜，食蛇龜的殼較圓鼓鼓

防疫期間，讓我們一起學習閉殼龜的精神吧！可不要小看「閉殼」這個功夫喔！這並不是每種烏龜都做得到，多數烏龜只能把頭跟四肢盡量縮入，並不能像漫畫裡一樣完全閉合。臺灣只有一種烏龜會這個絕招，就是俗稱的「食蛇龜」。

食蛇龜又被叫做「黃緣閉殼龜」或「箱龜」。牠們看到天敵時會把空氣吐出，腹甲從中間凹成兩半，分別將上半身和下半身閉起來。遇到天敵時，這個招數或許有一定程度的保護效果，但是遇上人類時，閉殼卻讓牠更容易被直接撿走，無法逃脫。

食蛇龜慘遭獵捕，起初是為了

一種中藥材「龜板」，我們常聽到的「龜苓膏」與「龜鹿二仙膠」都有這個成分。「龜板」簡單來說，就是龜的腹甲。真實的龜跟卡通裡不一樣，並不能把龜殼脫下來，光溜溜地到處跑。龜殼乃是牠們肋骨及鎖骨等軀幹骨頭的延伸，因此當人類取走了「龜板」，必定也取走了牠的生命。

近年來，由於被嚴重盜獵，過去繁榮於臺灣淺山的食蛇龜，如今已是一級保育類動物。但「龜板」這個藥材仍然十分常見，很遺憾地，隨著食蛇龜逐漸瀕危，可惡的盜獵者則是想要藉由炒作食蛇龜的身價來賺錢。

對食蛇龜來說，牠們最想要的是一個可以無憂無慮生活的山林家園。保護食蛇龜的同時，也需要保護牠們的家園。如果我們只是將食蛇龜人工圈養繁殖，那便只是「保種」*而已，其生態意義就不大了。

*保種：當一個生物面臨到滅絕的危機，人們可能會透過人工圈養、甚至是保存基因、胚胎等等方式，讓這個物種保留下來。

山

外面好可怕

喔~

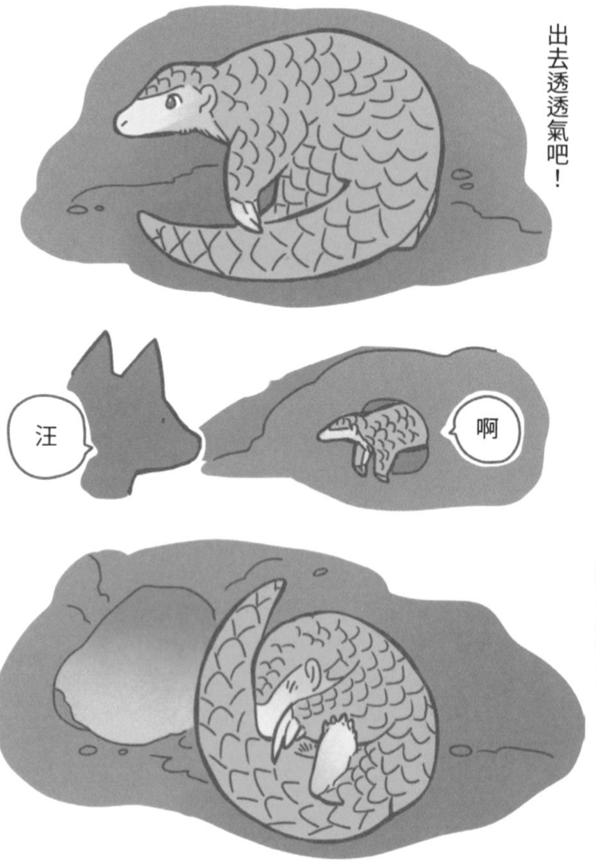

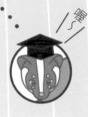

中華穿山甲

Manis pentadactyla pentadactyla

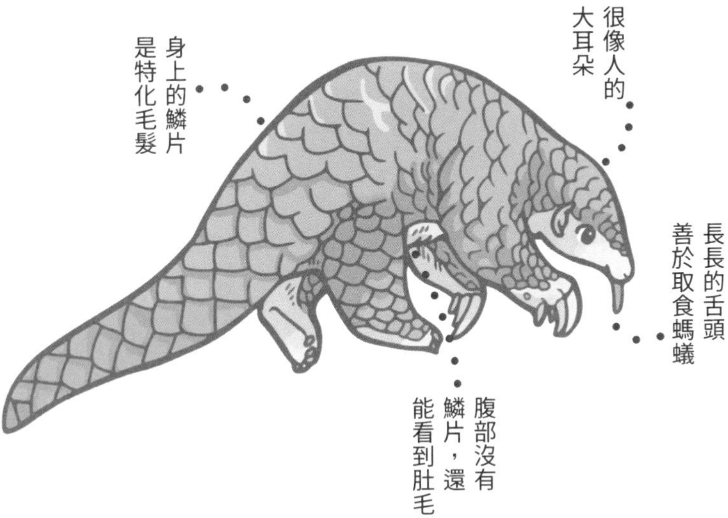
身上的鱗片是特化毛髮
很像人的大耳朵
長長的舌頭善於取食螞蟻
腹部沒有鱗片，還能看到肚毛

前陣子，兩位機車騎士在夜路上巧遇穿山甲，按捺不住驚喜的心情，驚呼「是穿山甲耶！」「這可以養嗎？」因為反應實在太浮誇有趣，以致影片引起瘋傳。

不過首先要趕快說：穿山甲在臺灣是保育類二級*（珍貴稀有）的野生動物，不可以養啦～

目前為止，世界上的穿山甲分為八種，亞洲和非洲各分布四種。居住在臺灣的唯一一種，就是可愛的中華穿山甲（指名亞種）。其實想看到牠們沒那麼難，因為中華穿山甲住在「淺山」地區，所謂「淺山」是指海拔八百公尺以下的山區，換句話說，就是我們很容易抵達的地方！

穿山甲身披鱗甲、擁有超長的舌頭。牠們會利用靈敏的嗅覺找到蟻窩位置，再用強壯的前爪把蟻窩挖出來取食。我們平常不容易見到穿山甲，是因為牠們是夜行性生物，而且當牠蜷縮成球、文風不動，不細看還會以為是顆石頭呢。

令人難過的是，因為牠們的鱗片被當作中藥材，因此世界各地的穿山甲都面臨盜獵與走私的困境。不幸中的大幸是，臺灣的穿山甲目前暫時沒有這樣的危機，好家在！

儘管如此，在臺灣，有些狗狗因為不當棄養而流浪山中，有時會攻擊穿山甲，穿山甲無力反抗，只能蜷縮成球，暴露在最外側的尾巴時常被咬斷。這樣的衝突無論對狗狗或穿山甲來說，都是雙輸局面，令人十分痛心。

愛護臺灣的野生動物，可以從身邊的小事情做起。收編浪浪、不放養、行駛山區時減速慢行，小小的舉動就能讓狗狗和野生動物擁有更安全的家。

＊臺灣的保育類總共分為三級：一級(I)保育類表示瀕臨絕種野生動物；二級(II)保育類表示珍貴稀有野生動物；而三級(III)保育類則表示其他應該被保育的野生動物。

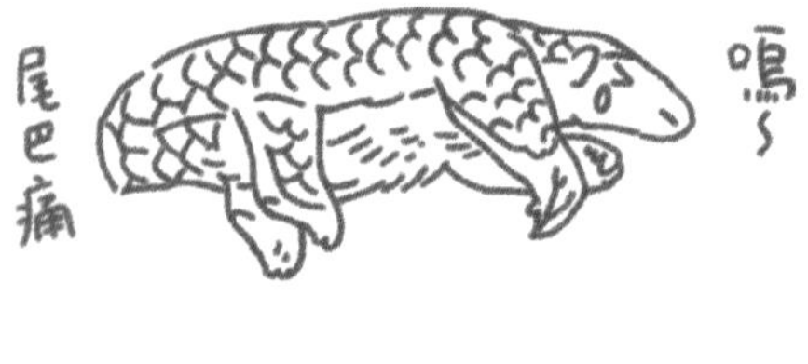

山
跟麻雀不一樣的山麻雀

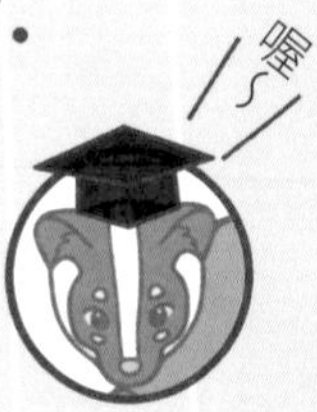

山麻雀

Passer cinnamomeus

聽到麻雀，相信大多人會想到在都市中成群飛舞的褐色小傢伙。但其實除了這種常見的「樹麻雀」，臺灣還有「山麻雀」與「家麻雀」。其中山麻雀的色彩尤其豔麗，牠們的臉頰沒有黑斑，看起來乾淨秀氣，就好像一般麻雀化了妝、調了美顏濾鏡，色彩飽和度被調高了一樣。

樹麻雀的公母鳥長得一模一樣，但山麻雀的公母鳥的外形差異很大。公鳥的背和腰部為鮮豔的栗紅色，母鳥則樸素許多，還有一道粗粗的米色眉毛。

山麻雀喜歡生活在有人類活動的中小型山間聚落。依傍著山的傳統農村，總有一些農墾地、茶園、廢耕地，鑲嵌著一點森林。牠們會取食農人拌入土壤中的稻穀，因此說山麻雀是「里山」*的生物，一點都不為過！

山麻雀屬於次級的洞巢鳥，意思就是牠們必須透過洞巢來繁殖，但沒有自己挖樹洞的能力。在自然環境下，牠們會利用五色鳥或是小啄木的舊巢養育小孩。電線桿、鐵管或是路燈的縫隙等，也都是山麻雀爸媽育雛的好地點。

山麻雀的適應力明明很不錯，但牠在臺灣卻是瀕臨絕種的保育類。這或許是因為牠們沒辦法自己挖樹洞，因此如果自然環境中的樹洞不夠，就會影響牠們繁殖；也可能是因為牠們跟人類住得近，很容易接觸到農藥或鳥網，因此日漸減少。

為了守護山麻雀，嘉義林管處、臺灣濕地聯盟、嘉義大學、嘉義縣野鳥學會、梅山鄉的國小與鄉民們，配合山麻雀的習性，設立人工巢箱與餌站，讓牠們不用煩惱吃飯和育兒。而嘉義縣瑞峰國小的學生們，也在課餘協助調查、記錄山麻雀的活動。這幅人鳥和諧的景象令人感動，也看見了一絲希望。

＊里山：這個詞源自日本，指傳統的農村地景，如耕地、果園、稻田、村落與農村等，其複雜的鑲嵌式地景造就了野生動物的棲地。近年的「里山倡議」，便是希望透過永續的生活模式，與生態萬物共存共榮。

山

Q彈的山脈限定山椒魚

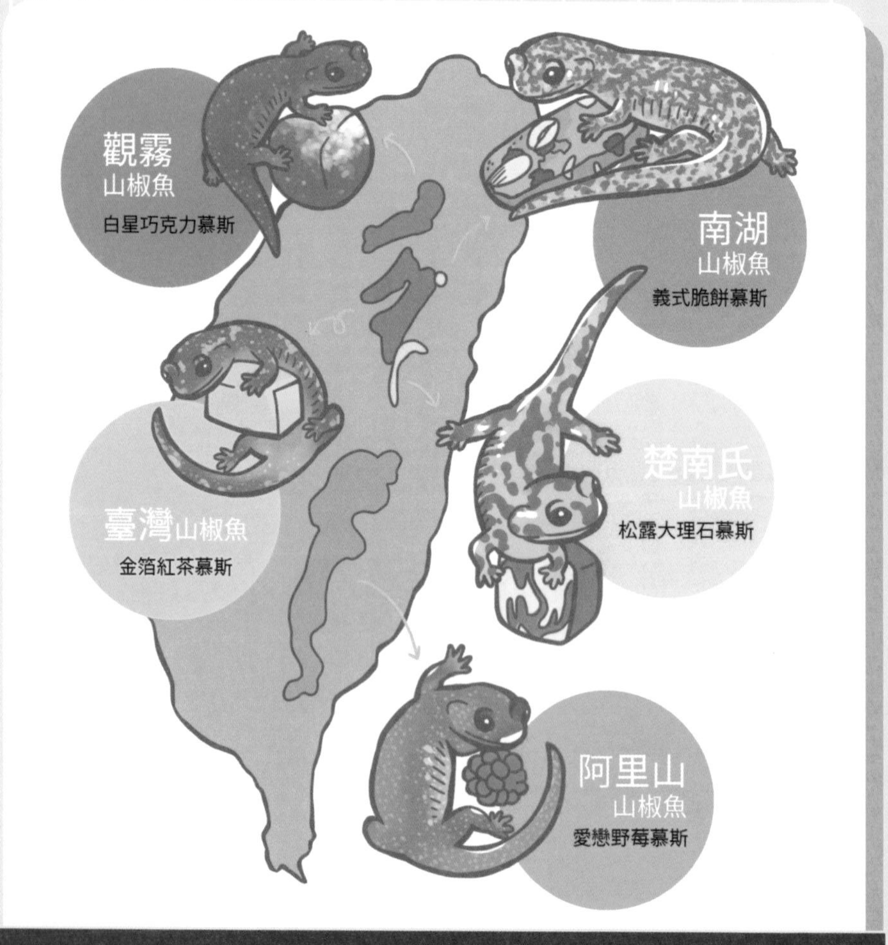

臺灣的山椒魚

Hynobius sp.

這一隻是阿里山山椒魚
遭遇危險會把尾巴舉起引開天敵注意
後腳有時四趾有時五趾（阿里山的通常是五趾）
前腳有四趾

山椒魚嬌小的身軀搭配憨憨的微笑，實在超級可愛！這一屬的成員又稱為「小鯢」，這種生物不是魚，而是兩棲類生物，和牠的遠親青蛙一樣，山椒魚幼體生活在水中，要經過「變態」，才能上陸地。

山椒魚現今分布在西伯利亞、中國東北、韓國、日本，以及臺灣。牠們適應冷涼氣候，大多居住在溫帶地區，而臺灣的山椒魚，是這群小生物中分布最南且海拔最高的地方。

山椒魚來到臺灣的故事，源於很久很久以前的冰河期，當時氣候寒冷、海平面低，臺灣島與其他陸地相連，活躍於溫帶地區的山椒魚便在此時來到臺灣。隨著冰河融化，氣溫升高，山椒魚也被迫越住越高。

目前臺灣島上有五種特有種山椒魚：阿里山山椒魚、臺灣山椒魚、楚南氏山椒魚、南湖山椒魚，以及觀霧山椒魚。牠們基本上各據山頭，只有臺灣山椒魚和楚南氏山椒魚，在合歡山地區的分布有所重疊，因此從地點來判斷物種，就八九不離十了！

山椒魚為什麼叫做「山

椒」？一種說法是因為發現者覺得山椒魚的體表分泌物嚐起來辣辣的；另一種說法，則是因為部分種類是暗紅色或褐色，看起來很像小辣椒。而玉子倒是覺得，不同顏色的山椒魚，就像是不同口味的慕斯蛋糕，而且還是各地限定哩！

山椒魚對棲地的要求頗嚴格，仰賴乾淨、流速慢的終年流水，在高海拔的小溪邊使用清潔劑、上廁所、丟廚餘，都可能干擾到牠們。此外，成體山椒魚的微棲地*還包含「長時間穩固」的覆蓋物，例如石塊和朽木。如果我們隨便翻動石頭，驚動到山椒魚，牠們有好一段時間都不會再進駐此地。

有時候，互不打擾是一種溫柔。

認識山椒魚的工作，就交給研究團隊進行吧！否則一個不小心，臺灣的特產山椒魚就要消失了。

*微棲地：生物棲息的家被稱為棲地，比如海洋、森林、沙漠等等。但是在這些棲地裡也會有很多微小的住所，比如森林地面的倒木底下，或是森林高高的樹冠上，即使都住在森林，生物們仍有自己喜歡待的位置，那就叫作「微棲地」。

山

兔兔那麼可愛，怎麼可以撿兔兔？

喔～

欸，這裡有一窩兔寶寶耶！
真的耶！怎麼會在這裡？
奇怪～
兔子不是會挖洞藏身嗎？兔媽在哪裡？
說不定是被兔媽遺棄了，把牠們帶去救傷中心吧！
兔媽媽發出不理智的聲音
沒有了。

臺灣野兔

Lepus sinensis formosus

每隻野兔的毛色有差異，大多是深土黃色
身體下方顏色較淺
前腳五趾，後腳四趾

臺灣野兔分布的海拔不高，但是如果想一窺牠們的身影，必須往開發度低的地方尋找，在一些丘陵地、小山中，臺灣野兔會在河岸草生地、耕地、沙地活動。不過牠們生性機靈，人往往來不及拍照，就率先逃之夭夭。

人們總是說「狡兔必有三窟」，但是臺灣野兔不屬於穴兔，即使在生育階段也不會打地洞，而是在草叢中鋪一些軟草或體毛當作簡單的巢。

二〇〇六年，曾有民眾在野外拾獲兩隻臺灣野兔寶寶，送到野生動物急救站。野兔生性容易緊張，很容易因為不明原因斷食或夭折，即使是專業的照養員仍然戰戰兢兢。照養員將牠們照顧到斷奶，接著煩惱就來了——要拿什麼植物給野兔吃呢？

照養員試著採摘了多種野菜，並且搭配一些市面上人們常食用的蔬果。多樣性的食物，終於讓兔寶們成功增重！有趣的是，照養員發現兔寶最愛吃兔仔菜和山萵苣，至於多數人認知中兔子愛吃的紅蘿蔔，則是完全沒有啃食的跡象……呵呵，想不到吧～

遺憾的是，儘管照養員悉心照顧，甚至搭建了一座臨時籠舍，提供兔寶在野放前練習跑跳、鍛鍊肌肉的空間。沒想到，籠舍屋頂被野狗群踩踏崩塌，兩隻小野兔也遭襲擊死亡。雖然在搭建籠舍時，已經防堵了可能侵入的縫隙，卻還是太小看了狗群的破壞力。

不管野兔再可愛，都不適合從野外撿拾飼養。如果在野外看到小兔寶，不用急著將牠帶下山救援，兔媽媽很有可能就在附近，而且比人類更懂得照顧兔小孩喔！

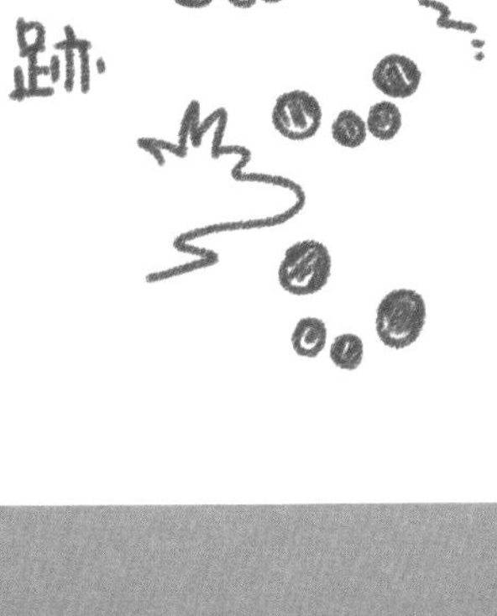

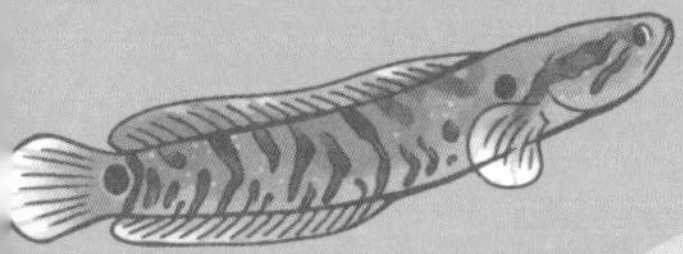

Part 3 農家子弟們

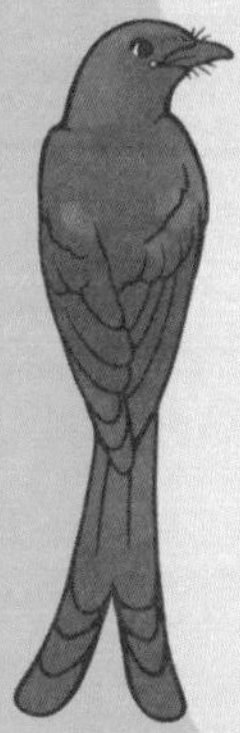

你有沒有造訪過稻田或是農園呢？你是否觀察過田間的小動物呢？人們栽植作物的農田環境，在合適的營造之下，也會有許多小動物以此為家。在這一章節，就讓我們一起埋頭觀察田地中常常出現的野生動物吧！

農

安全社交距離

喔~

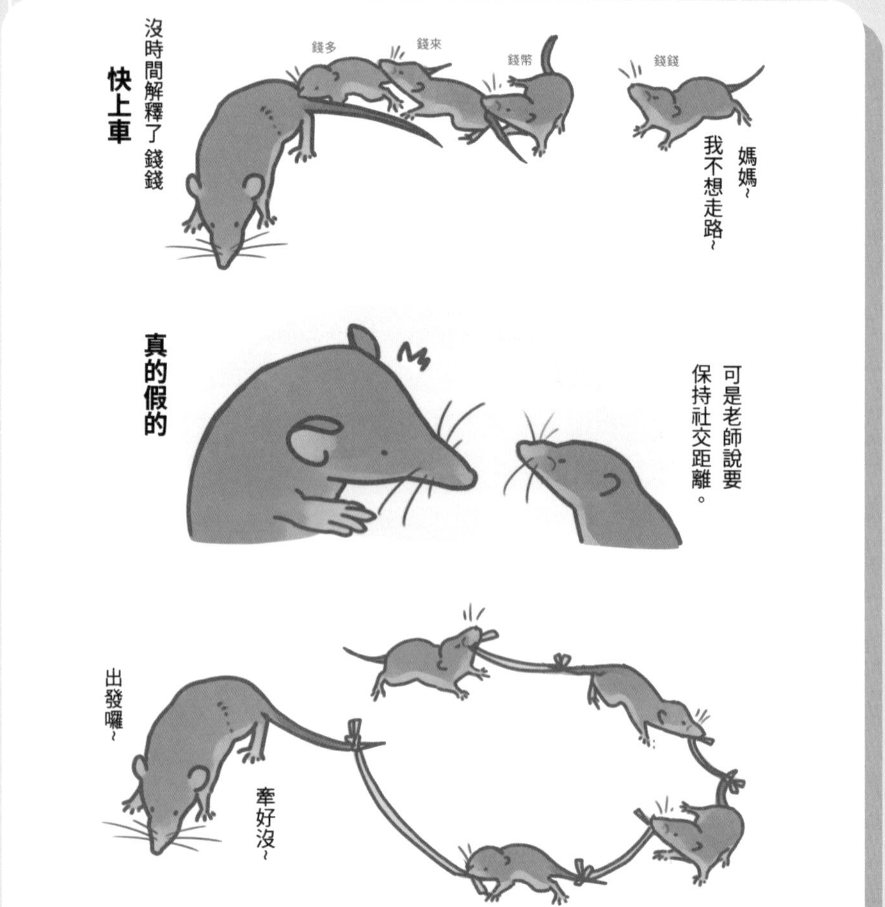

臭鼩/錢鼠

Suncus murinus

踏訪鄉間或是郊區的小耕地時，可以看看小屋周遭的地面，也許會見到這種小動物——錢鼠。

雖然名字裡有個「鼠」字，但是錢鼠並不屬於鼠類喔！跟囓齒目的鼠鼠們不同，錢鼠被分類在鼩形目中，屬於尖鼠科，這個科的夥伴可以統稱為鼩（ㄑㄩˊ）鼱（ㄐㄧㄥ）。同樣屬於這個大家庭的，還有擅長挖土的鼴鼠。鼴鼠跟錢鼠都擁有略為狹長的吻部，以及要超級仔細看才會發現的小眼睛。

在臺灣的多種鼩鼱之中，體型最大的是就是錢鼠。牠的外型雖然很像老鼠，但因為會發出「唧、唧」的尖銳叫聲，音似閩南語的「錢」，有些人相信錢鼠能讓家裡發大財，不會驅趕牠們，命運和老鼠大不相同。

除了叫聲討喜之外，最令玉子印象深刻的，是鼩鼱的「篷車隊行為」。當鼩鼱媽媽要帶小朋友出來活動時，孩子們會一隻接著一隻、咬著彼此的屁股，排成一串會跑的鼩鼱車隊。畫面超級可愛！

農

我們都已經不是三歲小猴了！

喔~

臺灣獼猴

Macaca cyclopis

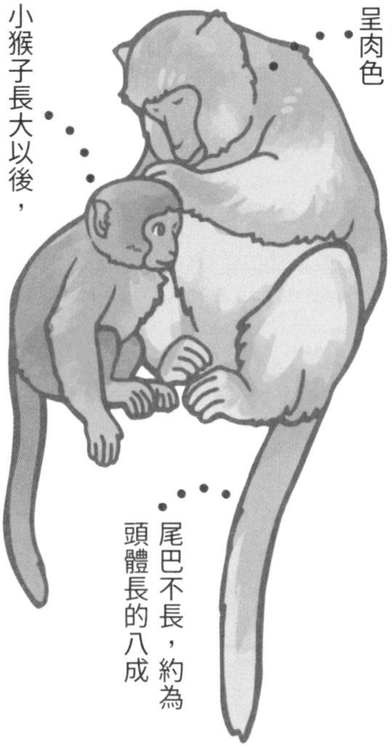
臉部無毛，呈肉色
小猴子長大以後，毛會逐漸蓋住耳朵
尾巴不長，約為頭體長的八成

臺灣獼猴是臺灣特有種，繁殖季約在每年十月到隔年二月間。在這段期間，或許會看到有些母猴臉部跟屁屁有不同程度的紅色，那是可以交配受孕的訊號。母猴約在四歲左右就會達到性成熟，公猴則是五歲。就這一點來說，「我們都不是三歲小孩了」這句話，還頗適合臺灣獼猴呢。

常有報導或網路文章說「猴子很兇、很會搗亂，還會搶人的食物！」但實際上，惡名昭彰的搶食行為，是源自人類餵食野生動物的不正當習慣。當野猴將人類與食物做連結，就開始不怕人，甚至主動接近人類，如此一來就很容易發生衝突。也有些猴子因此不幸被人捕捉虐待，或是被車撞死。

　野猴在戶外有自己覓食的能力，牠們會取食多達三百種植物的葉片和果實，也會吃鱗翅目的幼蟲和白蟻。真正的野猴，看到人類的反應通常是警戒或者不理人。早早就成熟的牠們，應該一點也不喜歡被寫成搗亂的小屁孩！

農

打洞的小生物們

喔～

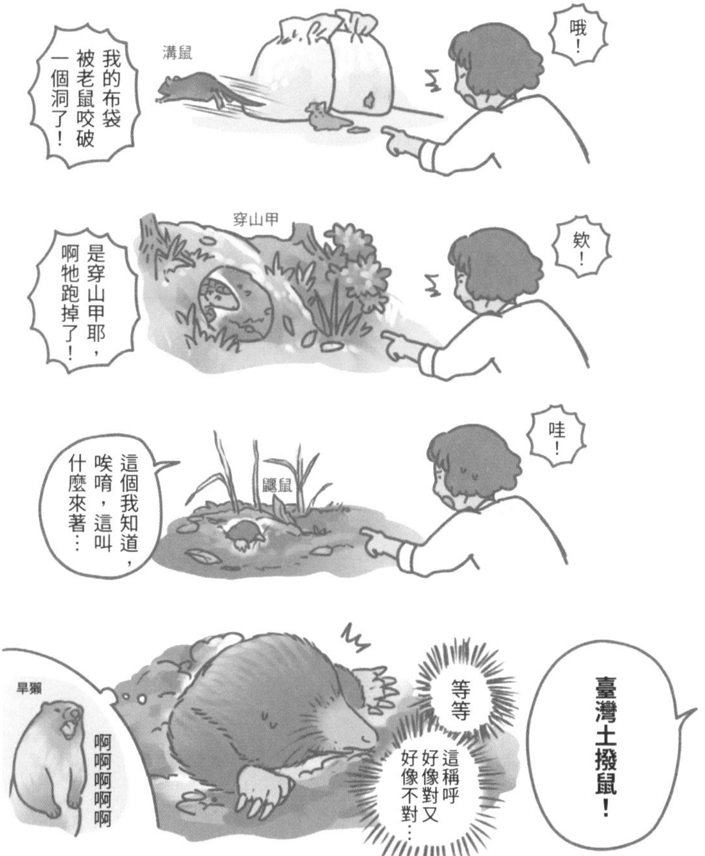
哦！
我的布袋被老鼠咬破一個洞了！
溝鼠
欸！
是穿山甲耶，啊牠跑掉了！
穿山甲
哇！
這個我知道，唉唷，這叫什麼來著…
鼴鼠
臺灣土撥鼠！
等等
這稱呼好像對又好像不對…
啊啊啊啊啊
旱獺

臺灣鼴鼠

Mogera insularis insularis

小小的眼睛
尾巴略短於後腳
特化的大手手擅長挖土

農家子弟對鼴鼠一定不陌生，低海拔的農園、果園、休耕田、河岸，以及森林，都可能看見牠的蹤跡。

臺灣的鼴鼠分為臺灣鼴鼠與鹿野氏鼴鼠。平常在低海拔田間觀察到的大多是臺灣鼴鼠；鹿野氏鼴鼠的體型較小，分布海拔也比較高，相較起來更為神祕。

俗話說「老鼠的兒子會打洞」，鼴鼠的小孩則是會打地洞。為了找到愛吃的蚯蚓和幼蟲，鼴鼠會利用自己特化的大手手，終其一生地挖挖挖，過程中常常就破壞了農作物的根，讓農家子弟一臉無奈。

臺灣農友似乎會直覺地把鼴鼠稱為「土撥鼠」。看到這個稱號時，玉子樂歪了，因為鼴鼠確實很會撥土哪！不過請注意，「土撥鼠」這個俗名，大多時候指的是旱獺，牠們屬於囓齒目松鼠科，跟鼴鼠可是超級不一樣哩～

打地洞的鼴鼠時常被人視作害獸，但是牠們在生態中扮演重要角色。如果你遇到為此氣噗噗的農夫，可以告訴他：「雖然有些困擾，但牠們正免費提供鬆土、吃雞母蟲的服務唷！」

農

把拔節快到啦

彩鷸

Rostratula benghalensis

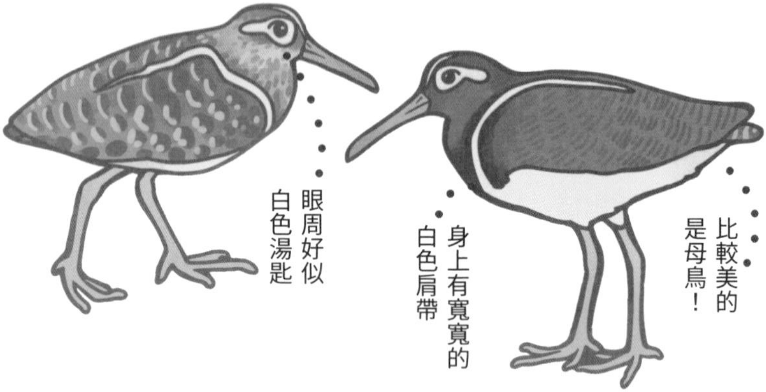
眼周好似白色湯匙
身上有寬寬的白色肩帶
比較美的是母鳥！

很多人以為外表比較樸素、照顧小孩的一定是母鳥。但彩鷸把拔聽了，一定會大喊：「我也能勝任這個分工！」

彩鷸的繁殖機制在鳥兒世界裡很特殊，是實施「一妻多夫制」的鳥類，母彩鷸身體亮麗，公鳥則是不起眼的大地色系。漂亮的母鳥會在繁殖期發出一連串低沉的「嗚——嗚——」求偶聲。與公鳥交配下蛋之後，母鳥就會出發尋找新的男朋友，留下公鳥負責照顧小孩。同一隻母鳥會產下好幾窩卵，分別由不同的鳥爸爸孵蛋、把孩子帶大。

這種美麗又特別的鳥兒分布很廣，根據 eBird 的資料，臺灣、日本、韓國、中國、東南亞、印度，以及非洲都能看見。不過，彩鷸在臺灣因為誤入鳥網、誤食毒稻穀、棲地破壞等原因，目前被列為二級保育類，屬於珍貴稀有的野生動物。

牠們平時棲息在水稻田、草澤環境中，離我們不遠，但是生性害羞、行蹤隱密，要看到牠們不是那麼容易。

如果你認識農夫爸爸或農婦媽媽，不妨建議他們減少使用除草劑，或是多支持友善動物的農產品，讓辛苦的彩鷸把拔也能過個快樂的鳥父親節！

農

因為我剛好遇見你

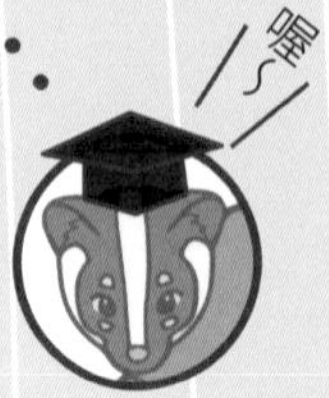
喔~

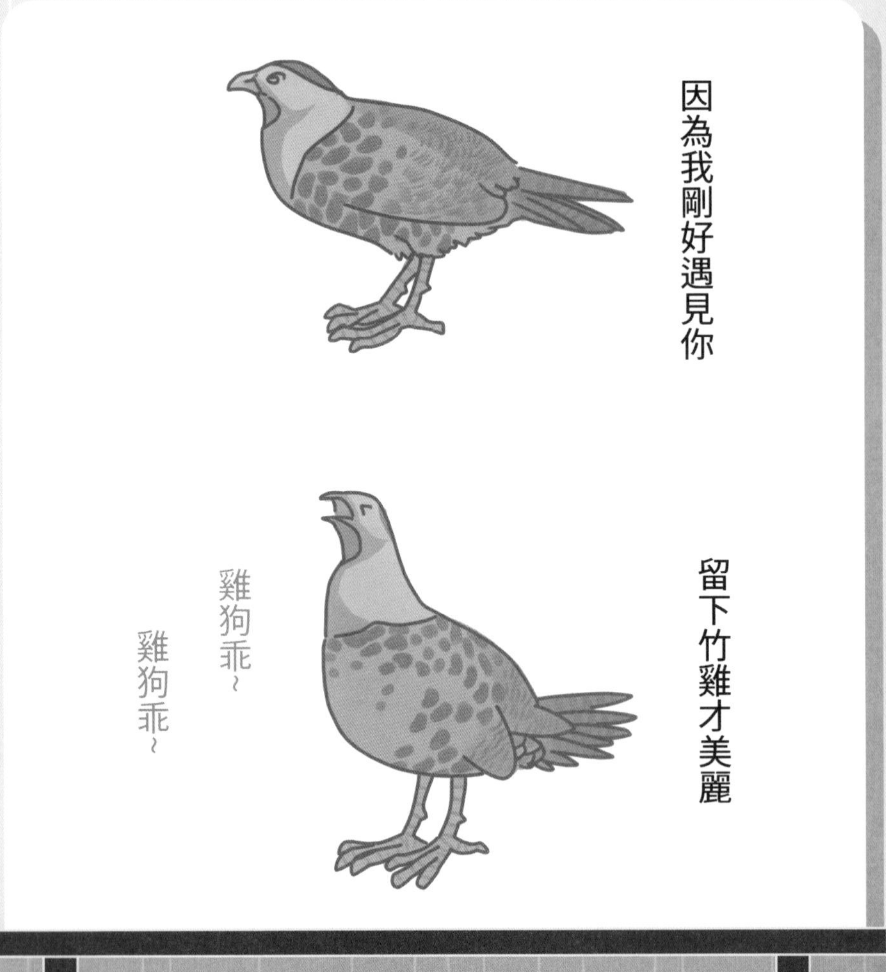
因為我剛好遇見你
留下竹雞才美麗
雞狗乖~
雞狗乖~

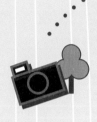

臺灣竹雞

Bambusicola sonorivox

許多雉科公鳥腳上擁有「腳距」用以打架
竹雞的腳距構造是公雞大、母雞小或無

竹雞分布在臺灣的淺山地帶，這裡有人們依傍著山耕作的田地，因此有時候可以看到竹雞在森林和耕地的邊界散步、覓食。牠們有點害羞，常藏身在樹林、灌叢和草叢底層。牠們大概不愛玩單「雞」遊戲，幾乎都是三五成群，一起吃一些小蟲、嫩芽、種子，和小果實。

竹雞屬於雉雞科，這個科的許多成員有一個特別的構造，那就是公鳥腳上的「腳距」。這是生長在腳上、往後突起的尖刺，就像一個隨身兵器，公鳥打架時會躍身一跳，用腳距刺向對手。不過，這樣的構造在生性低調、只求平安活下去的母鳥身上，就比較不明顯了。

你可能會在爬山健行時遇見竹雞，而即使沒有看見牠的身影，也很容易聽到牠們的聲音。如果你聽見高亢的「雞狗乖、雞狗乖」，不用懷疑，那就是竹雞抬起頭、伸長脖子，用生命在大叫的聲音。也不妨跟著唱首歌：「因為我剛好遇見你，留下『竹雞』才美麗。」

這樣的鼻樑可以嗎?

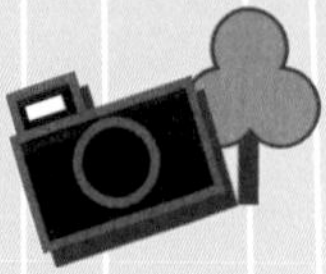

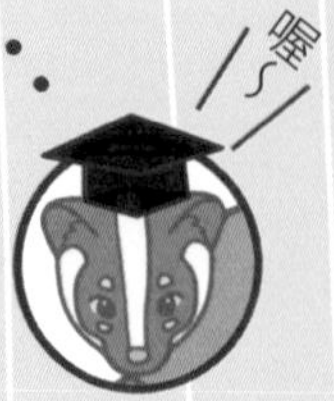
喔～

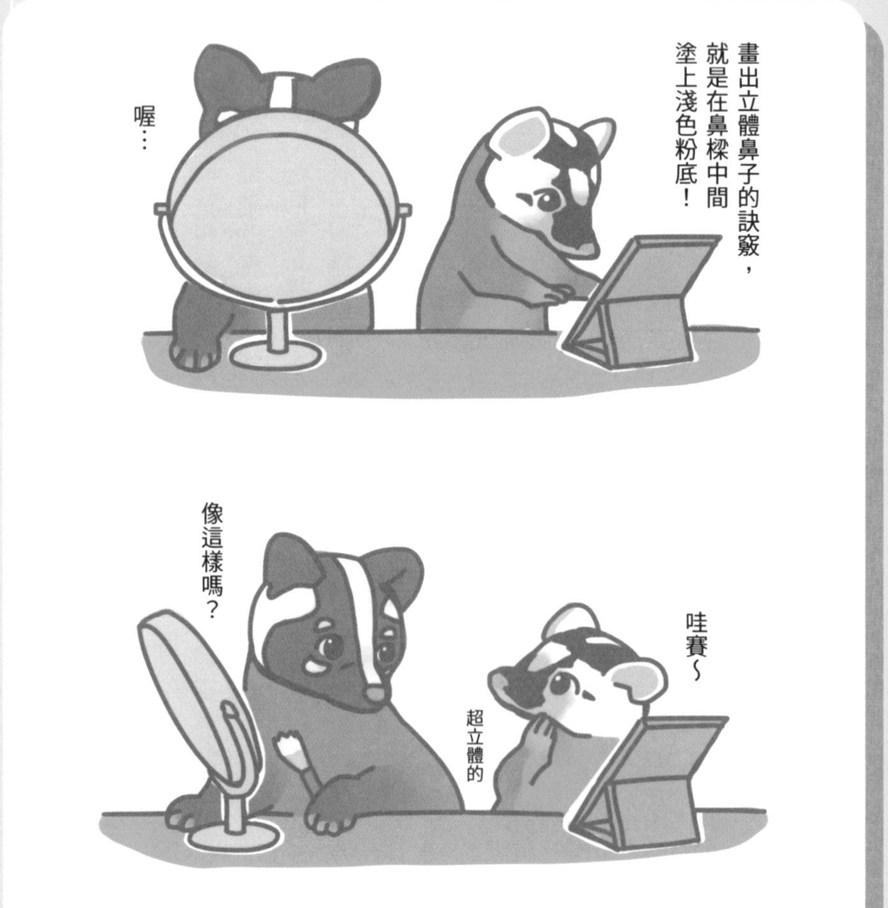
畫出立體鼻子的訣竅，
就是在鼻樑中間
塗上淺色粉底！
喔…
像這樣嗎？
哇賽～
超立體的

白鼻心

Paguma larvata taivana

長長的尾巴有助於保持平衡
遭遇危險時，肛門腺會釋放揮發性物質
白色的鼻樑是特徵

玉子的親戚曾在農地整理樹時，無意間驚擾到一隻動物。牠從樹上跳下來，蹦蹦跳跳地跑走了，牠那長長的尾巴特別引人注目。雖然親戚沒看見小動物的臉，但玉子懷疑這位小朋友很可能是喜愛攀樹的白鼻心。夜行性的牠，可能在晚間選定了一棵樹上去休息，白天半睡半醒間驚覺有人靠近，才慌張落跑了。

白鼻心是臺灣的特有亞種，鼻樑上有一道白色的條紋。這個超有鑑別度的特徵讓人想起網紅的化妝教學：「要讓鼻子看起來立體，可以在中間畫一道淺色！」白鼻心小朋友想必很了解這個漂亮小撇步吧！

除了這個搶眼的鼻樑，白鼻心的臉又黑又白，好似京劇中的大花臉。因此牠隸屬的 Paguma 這個屬，也被稱為「花面貍屬」；而牠的英文俗名 masked palm civet 直翻就是「戴著面具的棕梠貍」。

白鼻心雖然屬於食肉目，但牠的食性是雜食偏食果性。除了取食昆蟲、鳥類和鼠類之外，主食可能還是漿果和水果，因此鄉間的人們也習慣叫牠「果子狸」。

白鼻心和另一種動物「鼬獾」長得很像，玉子一開始也常常搞混。分享一個區分的祕訣——體型。白鼻心比鼬獾大多了，成體的體型差異，就好比貓咪和兔子那樣一目了然。不過如果遇見幼獸，看體型就不準了，這時候可以觀察牠有沒有顯眼的白色鼻樑？白鼻心的白色條紋會從鼻尖延伸到頭頂，鼬獾只有額頭一小塊。此外，白鼻心還有一條長長的尾巴，對比之下，鼬獾的尾巴比較短又蓬。

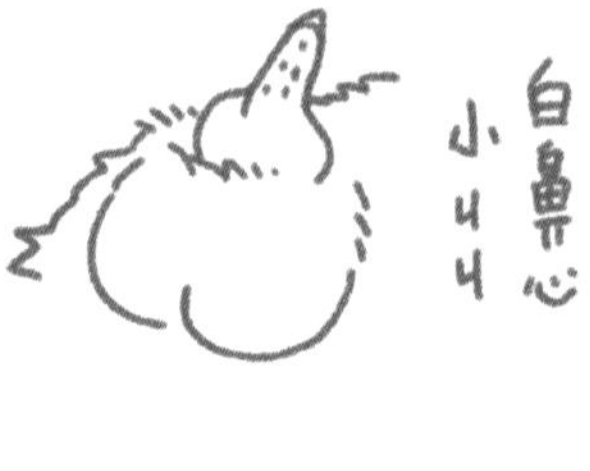

農

護卵心切的蟲爸爸

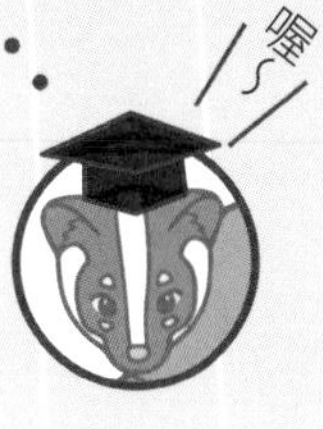
喔～

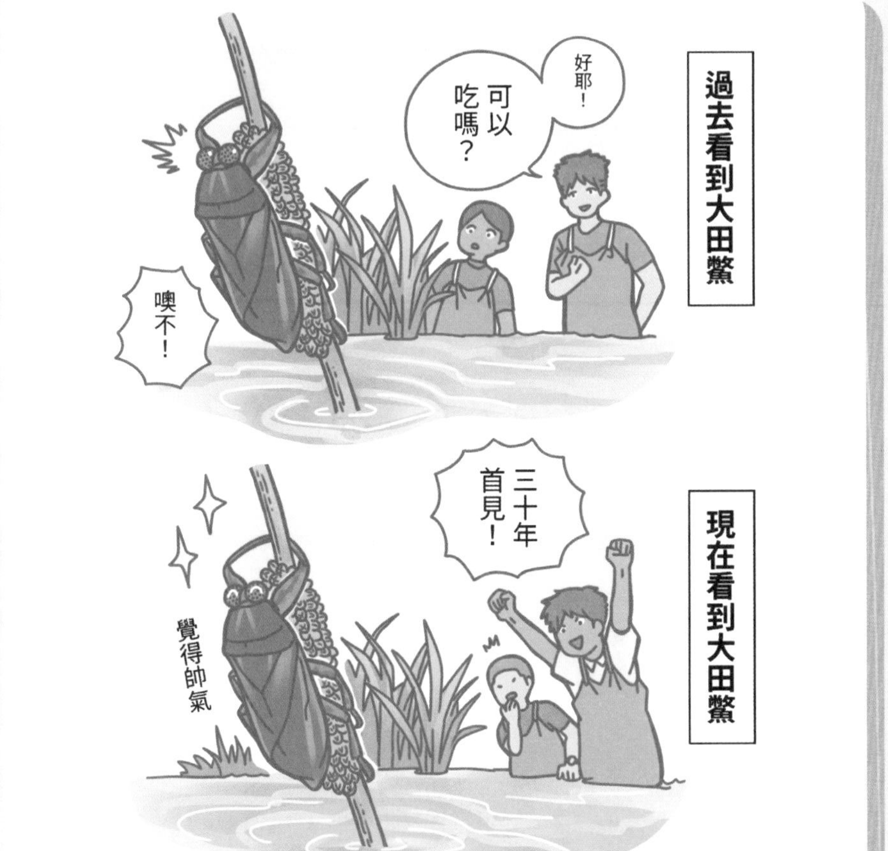
過去看到大田鱉
好耶！
可以吃嗎？
噢不！
現在看到大田鱉
三十年首見！
覺得帥氣

印度大田鱉

Lethocerus indicus

印度大田鱉的前胸背板有兩條黃縱帶（可以此與狄氏大田鱉區分）
特化的扁平狀游泳足適應水域環境

你知道嗎？有一種昆蟲曾經遍布臺灣的水稻田、池塘與湖泊，被稱為「昆蟲界的猛禽」，牠就是──田鱉。

田鱉是一種水生昆蟲，長得有點像椿象。臺灣共有兩種：印度大田鱉與狄氏大田鱉（或稱日本大田鱉）。為什麼說牠是昆蟲界的猛禽呢？因為牠是靜水域的掠食者，牠會默默等待獵物靠近，再用特化的尖銳前肢捕捉。牠的獵物包含魚、蝦、蝌蚪，甚至小型的蛙、蛇和烏龜。

田鱉的繁殖過程也很特別。繁殖時，公的田鱉會選定一根水生植物的枝條，等待母田鱉前來交配。母田鱉產卵後就離開，留下田鱉爸爸守護小寶寶。田鱉爸爸每過一段時間，會下水沾濕身體，用這個方式為卵塊維持濕度，讓小寶寶順利孵化。這個過程稱為「護卵」。

約莫在一九五〇年以後，人們發現化學藥劑可以讓雜草乾枯、讓害蟲死亡，農民再也不必辛苦的除草、抓蟲。但過度或不當施用農藥，也造成生態環境破壞，導致田鱉爸爸「護卵」的景象，將近三十年都沒有人再看見。

直到二〇一二年，觀察家生態顧問有限公司在一次日間調查中，意外在苗栗通霄劉阿伯的田裡，發現了一隻正在照顧卵塊的印度大田鱉雄蟲。親眼目睹在臺灣幾乎消失的昆蟲，大家都非常興奮！這次相遇後來更促成了新品牌「田鱉米」的誕生。

如果你幸運地看見田鱉的身影，記得趕快拍下來，這代表當地的濕地生態十分健全，水質也很乾淨喔！

農

很有態度的剪刀尾

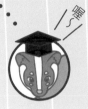

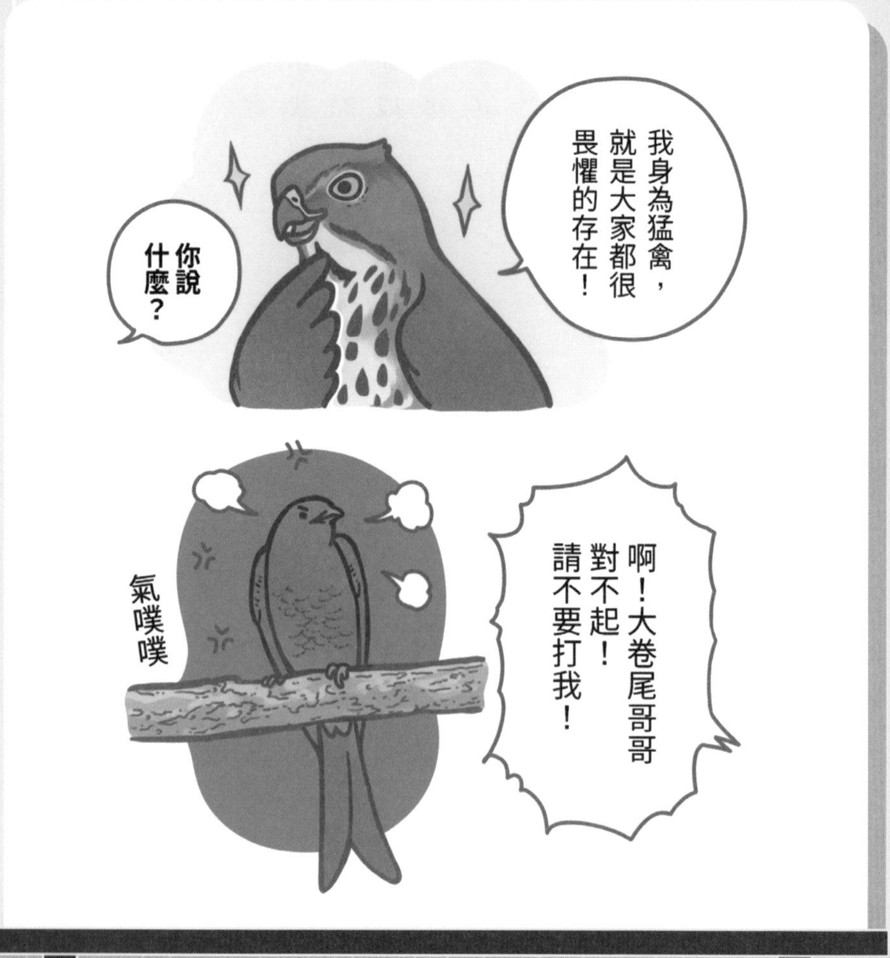

我身為猛禽，就是大家都很畏懼的存在！
你說什麼？
啊！大卷尾哥哥對不起！請不要打我！
氣噗噗

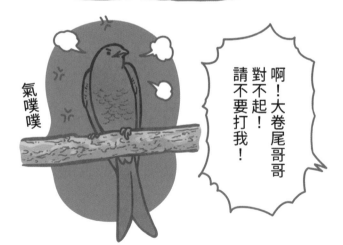

大卷尾

Dicrurus macrocercus

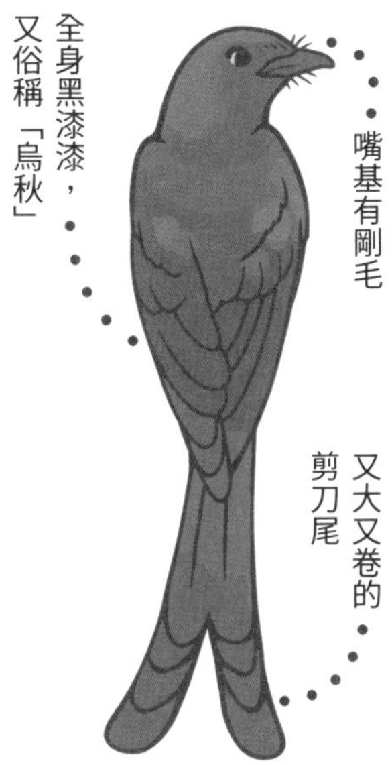
全身黑漆漆，又俗稱「烏秋」
嘴基有剛毛
又大又卷的剪刀尾

不認識大卷尾的人，第一次看到牠一身烏黑、又有分岔的尾巴，可能會以為是很大隻的燕子，玉子也曾經搞錯過。

大卷尾又叫「烏秋」，牠們會在開闊的耕地和郊區覓食，以飛行、俯衝來捕捉獵物。獵物包括金龜子、蜻蜓、蜂類、螳螂、天牛、蝗蟲和蝶類等，雖然牠們的主食是昆蟲，但偶爾也會觀察到大卷尾取食綠繡眼、麻雀、文鳥等小型鳥類。其實你是猛禽吧!?

到了繁殖期，大卷尾更是出了名的兇悍。玉子曾經看過成雙的大卷尾修理鳳頭蒼鷹的景象，牠們會先飛高，再從對方頭頂俯衝下來「巴頭」，一邊大聲鳴叫。牠不只會揍猛禽，如果人類太接近牠的巢，牠也會從我們的後腦勺巴下去喔！在四到七月的繁殖季，請大家務必小心。

要看見大卷尾並不難，牠喜歡空曠的耕地或公園，往往站在電纜線、天線等顯眼的高處，居高臨下，讓牠可以一眼就看到獵物，或是巴頭的對象。

大卷尾在臺灣有記錄到兩個亞種，一般常見的是 *harterti* 亞種，在臺灣本島屬於普遍的留鳥，也是我們的特有亞種；另一個 *cathoecus* 亞種是福建亞種，只有少數的過境個體。

前面玉子說過，特有亞種是指「只出現在某個地方的亞種」（請看第16頁）。不過，臺灣的特有亞種大卷尾，竟然也出現在其他島嶼，這是怎麼回事呢？

根據臺灣亞種的發表人Baker，臺灣亞種的大卷尾在一九三五年被日本人引入馬里亞納群島中的羅塔島，目的是為了抑制害蟲。而到了一九六〇年，五十八公里外的關島也首次記錄到大卷尾。專家學者推測：大卷尾是從羅塔島自行飛抵關島的。所以……我們的特有亞種大卷尾跑去其他小島當外來種啦～

農

濃妝豔抹的小猛禽

喔~

黑翅鳶

Elanus caeruleus

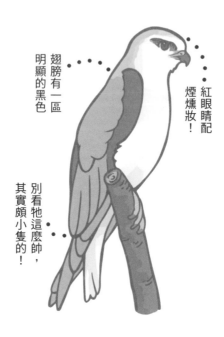

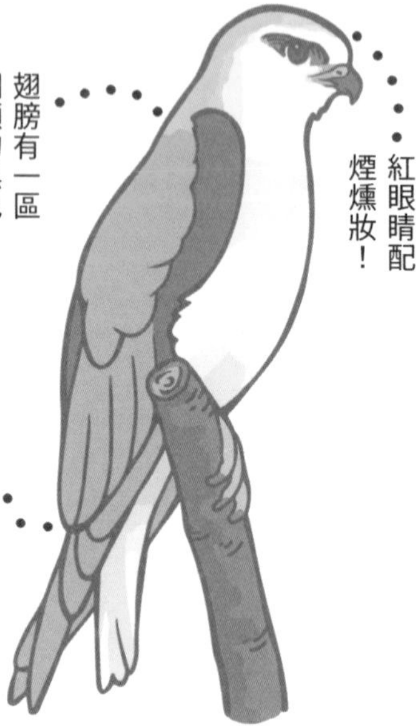

看慣了大冠鷲、林鵰、鳳頭蒼鷹，很容易以為猛禽的體型都比較大，但是也有像黑翅鳶這樣，有如鴿子尺寸的猛禽喔！

儘管黑翅鳶個子小，造型可是很講究。灰白色的身體搭配黑色的翅膀，加上美豔的黑色眼影與鮮紅色的眼睛，讓人看了無不為牠著迷。

黑翅鳶原本廣泛分布在舊大陸的熱帶乾燥地區，如南歐、非洲、印度、東南亞、華南等等。但在千禧年以前，牠並沒有分布在臺灣本島。想一睹黑翅鳶美麗的妝容，可能還得跑去金門觀賞當地的留鳥*。

臺灣本島首次記錄到黑翅鳶是在一九九八年，這隻「迷鳥」個體在貢寮短暫停留一天便離開了。神奇的是，從隔年開始，就有數隻黑翅鳶長期停留在雲林，二〇〇一年更開始繁殖，正式成為臺灣的留鳥。現在，臺灣各個平原都能看見黑翅鳶的身影了。

　　黑翅鳶有一種特殊能力「懸停」，會在空中「定點振翅」以便尋找獵物。這並不是鳥類常見的飛行技巧喔！看著鳥類在空中沒有任何依靠卻不會移位，實在很神奇。如果你看到黑翅鳶這麼做，牠很有可能正在觀察地面上的老鼠。黑翅鳶是捉老鼠的能手，對於農人們可說是「天外飛來」的大禮。

　　近年屏科大鳥類研究室、台灣猛禽研究會推行「猛禽棲架」，在農田附近架起高高的竹竿，讓黑翅鳶「巡田」取代投灑老鼠藥，附近居民也可以觀賞到牠們，黑翅鳶正是棲架上受歡迎的大明星！

＊留鳥：一輩子都住在同一個區域生活的鳥，不會因為季節改變而離開。

候鳥：隨著季節改變，飛往不同的地方的鳥，牠們夏天飛去繁殖地，冬天則待在溫暖的度冬地。依據在當地停留的季節，可以分成「冬候鳥」和「夏候鳥」。

過境鳥：在遷徙的過程中，鳥會經過很多休息站，牠們在這裡只是過客。

迷鳥：原本不住在當地、而且旅行路線通常也不會經過當地的鳥，可能是因為遭遇壞天氣、或是旅行經驗太少而迷航，差不多可以理解成「迷路的鳥」。

農

打鑼鼓的鮎鮐兄是誰？

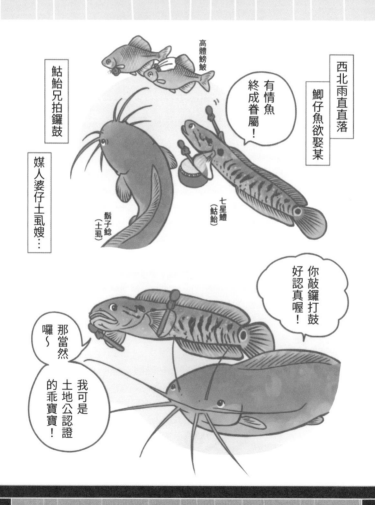

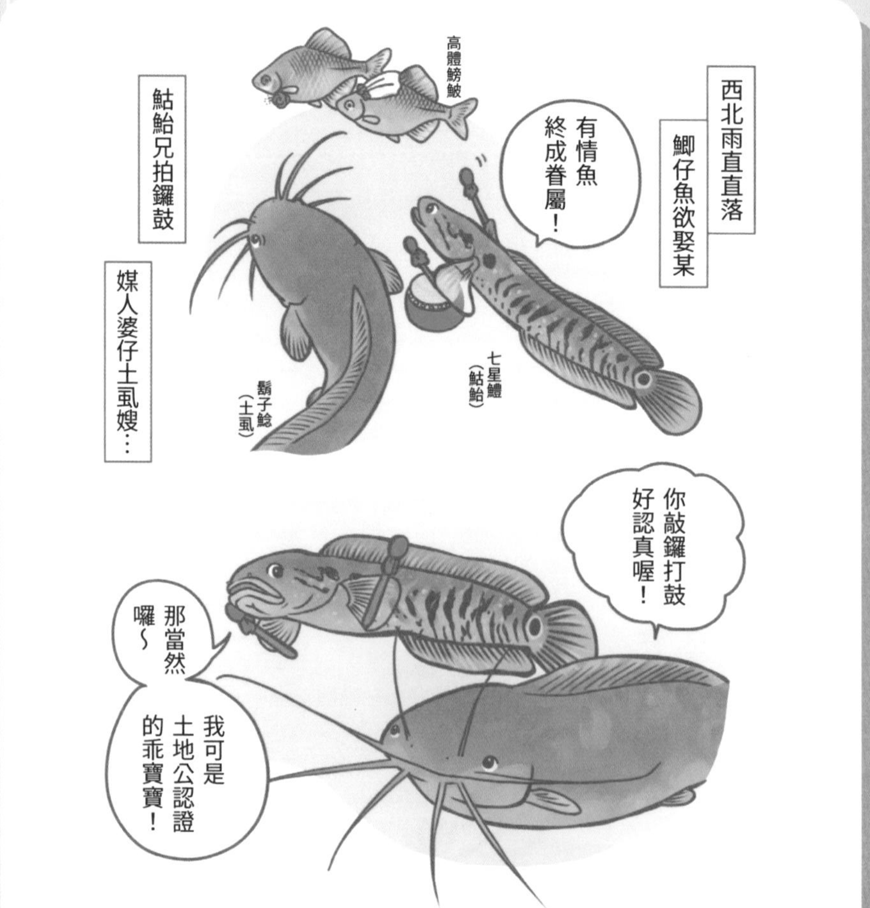
西北雨直直落
鯽仔魚欲娶某
有情魚終成眷屬！
高體鰟鮍
七星鱧（鮎鮐）
鬍子鯰（土虱）
鮎鮐兄拍鑼鼓
媒人婆仔土虱嫂…
你敲鑼打鼓好認真喔！
那當然囉～
我可是土地公認證的乖寶寶！

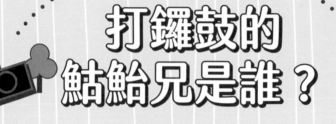

七星鱧

Channa asiatica

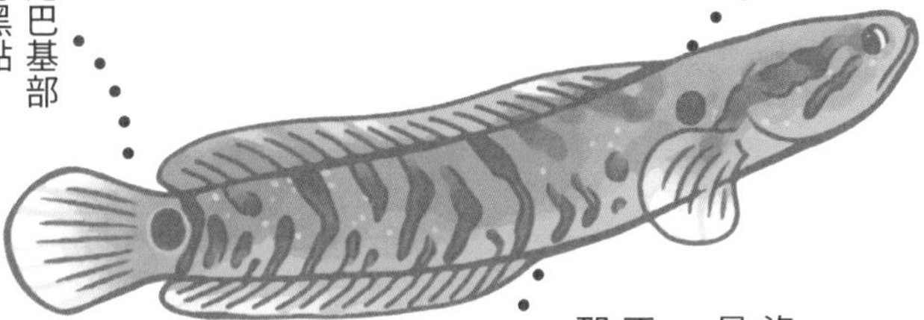
鰓蓋後方有個圓點
尾巴基部有黑點
沒有腹鰭是特徵（後面那個不是腹鰭，那是臀鰭喔）

「西北雨直直落，鯽仔魚欲娶某，鮕（ㄍㄨ）鮐（ㄊㄞˊ）兄拍鑼鼓，媒人婆仔土虱嫂……」你聽過這首閩南語童謠《西北雨》嗎？歌詞裡的「鯽魚」和「土虱」你可能知道，但是「鮕鮐」是什麼魚呢？原來，鮕鮐指的是七星鱧，隸屬於「鱧科」家族，下面簡稱牠們為「鱧魚」。

相較於臺灣其他淡水魚，鱧魚的個性比較兇悍。有人覺得牠們的頭部像蛇，因此稱牠們為「蛇頭魚」。鱧魚擁有特殊的呼吸器「上鰓器」，讓牠們可以探出水面呼吸，不會因為缺氧而快速窒息。

在臺灣，可以觀察到四種鱧科魚類：原生種的七星鱧和斑鱧，以及兩種外來入侵種：泰國鱧和魚虎。七星鱧被寫進耳熟能詳的童謠，可能代表牠曾經遍布各地水田。但如今，外來種幾乎佔據了南部的溪流與水庫，再加上水質污染，要看到原生種的七星鱧已經很不容易了。

七星鱧有個醒目的特徵，就是尾柄處的藍黑色圓斑。民間相傳：以前農民若要判斷古井的水是否乾淨，就會丟一條七星鱧下去，魚沒事的話，水質就沒問題。土地公為了表揚七星鱧為水質把關，於是在牠的尾巴蓋了這個「好寶寶印章」，好讓後人記得。

從生態演化的角度來看，七星鱧尾巴上的圓點，也許是一種擬態，讓天敵誤以為是眼睛、攻擊錯邊，牠就有機會逃過一劫。

我們還能在鱧魚身上觀察到護幼行為，家長魚會待在小魚周邊守護牠們。玉子有次在宜蘭的環湖步道散步，發現一群不認識的小小魚，正疑惑牠們的身分時，一旁的家長魚就游了過來。牠是體型較大的外來種泰國鱧，雖然動作慢悠悠，但是看到牠尖尖的牙齒……玉子不由得冒了幾滴冷汗，還好沒有把手指伸下去！

Part 4

濕地同樂會

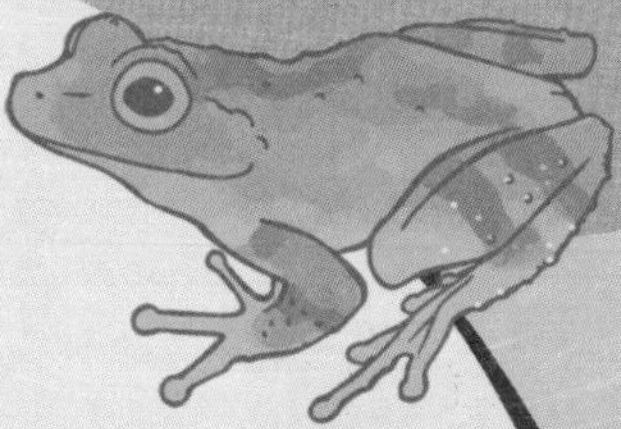

濕地包含的環境類型很多樣，諸如溪流、湖泊、泥灘地、暫時性的小水窪等，這些野溪和小水域看似平靜，卻孕育著無比豐富的生命。

這一章節將介紹一些親水的野生動物居民，濕地不僅提供牠們賴以覓食與繁殖的水源，更是牠們最愛的家園。

濕

棕簑貓貓

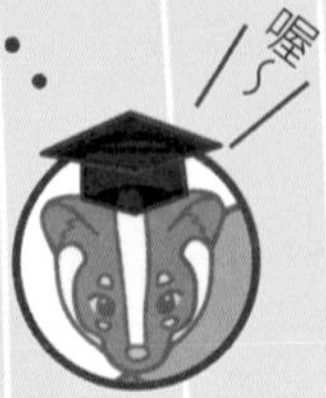

食蟹獴

Herpestes urva formosanus

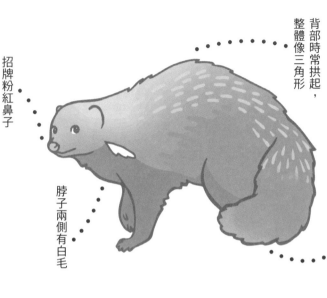

背部時常拱起，整體像三角形
招牌粉紅鼻子
脖子兩側有白毛
尾巴很蓬

食蟹獴是臺灣原生的獴科動物，因為牠會取食溪流的生物，因為牠的毛質蓬鬆，就像披著一件蓑衣，因此又被叫做「棕簑貓」。除此之外，嘴角臉頰上的一道白色鬃毛和可愛的粉紅色鼻子，也是牠非常醒目的特色。

食蟹獴除了吃溪蟹之外，還會捕食魚類、鳥類、鼠類、蛙類等小型生物，乾淨的溪流是牠最基本的「入住條件」，如果溪流受到污染與建設開發，牠們便難以生活，因此食蟹獴可以說是溪流環境的指標物種*。此外，食蟹獴的家園也需要森林，提供牠藏身的地方。

雖然長得很像「孤舟簑笠翁」，但不一定要「千山鳥飛絕，萬徑人蹤滅」才能找到食蟹獴。臺灣的低海拔至中海拔山區森林的溪流附近，都可能有食蟹獴出沒，也包括人活動的淺山地區。不過食蟹獴通常很機靈怕人，想一睹牠們的真面目可需要一點運氣。

近年因為溪流環境被破壞，食蟹獴的棲地逐漸縮減，已被列入臺灣的「珍貴稀有野生動物」。我們是不是可以多留心，讓牠不會像「獨釣寒江雪」的棕簑翁那樣孤獨寂寞呢？

＊指標物種：某一些生物的族群狀態可以反映環境的品質。諸如在乾淨無污染或較少有人干擾的棲地才能生活，因此牠們的出現便代表這裡環境很不錯。

濕

唧一是誰的腳踏車生鏽啦！

喔～

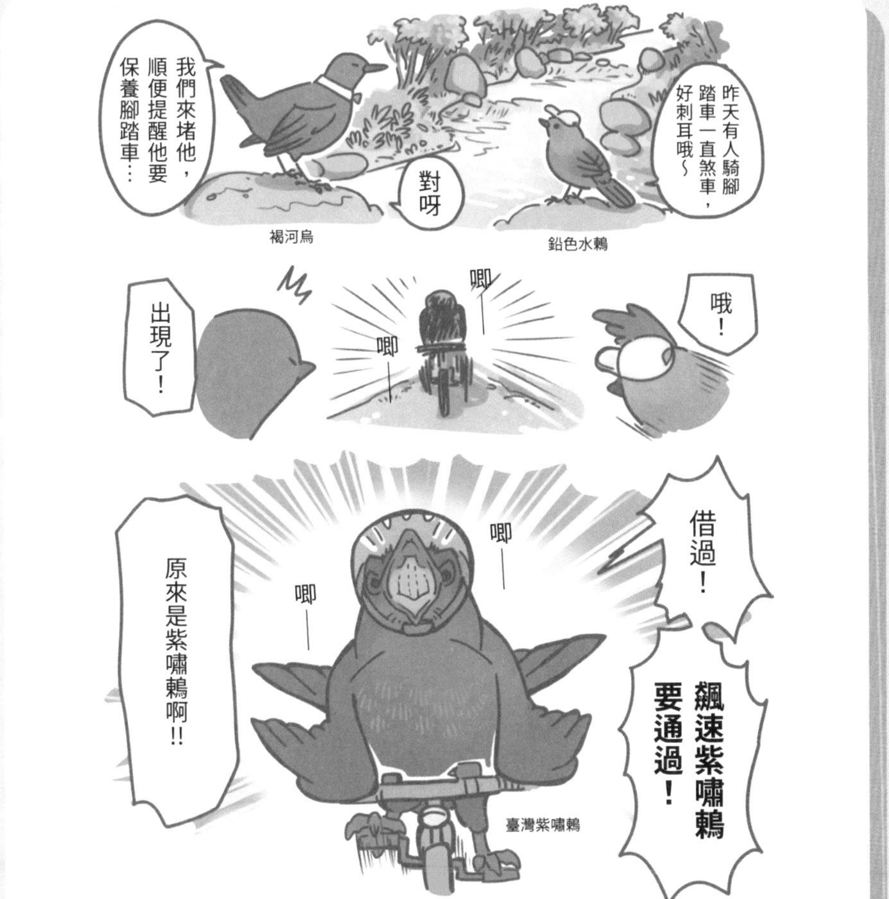
昨天有人騎腳踏車一直煞車，好刺耳哦～
對呀
我們來堵他，順便提醒他要保養腳踏車…
褐河烏
鉛色水鶇
哦！
唧—
唧—
出現了！
飆速紫嘯鶇要通過！
借過！
唧—
唧—
原來是紫嘯鶇啊!!
臺灣紫嘯鶇

臺灣紫嘯鶇

Myophonus insularis

如果你漫步經過某條河川或小溪時，突然聽到像是生鏽腳踏車剎車的聲音，這很可能是臺灣紫嘯鶇的叫聲！

臺灣紫嘯鶇時常出現在茂密森林的溪澗，領域性很強，會互相追逐、驅趕，地主紫嘯鶇還會在領域邊界發出警戒的叫聲展現敵意，刺耳的聲音就會傳入我們的耳朵了。

三月底到九月初間是牠們的繁殖季，這期間觀察河川附近的岩壁、石穴，或是橋墩和人造物，就有機會看到正在養育小孩的紫嘯鶇爸媽喔！

繁殖過程中，孵蛋跟育雛的工作主要由母鳥擔任，而餵食、護巢、清潔，則是由鳥爸爸和媽媽一起完成。孩子想便便時，會把屁屁轉為朝外，爸媽便會銜住孩子的便便，叼到外面丟掉或直接吃下肚，以維持鳥巢的乾淨衛生且避免被掠食者發現。為人父母，真是好偉大呢！

小鳥離巢後，紫嘯鶇爸媽的任務還沒有結束，這是小鳥「轉大鳥」的關鍵時刻，爸媽會在附近照看牠學習飛行、覓食。不過因為這時的小鳥多半比較笨拙，被人發現時又多半會因自我保護機制，呆呆坐在原地不動，導致愛心民眾以為牠們受傷了，趕緊把小鳥帶到救傷單位，徒留鳥爸媽在一旁著急不已。

如果你在繁殖季時發現學飛中的小鳥，先不用急著撿起，只要現場沒有立即的危險，通常牠的父母就在附近，可以在一旁觀察就好囉！

濕

艾氏樹蛙永不止息

喔～

愛是什麼…？

愛是…
蛙爸爸
顧蛋蛋！

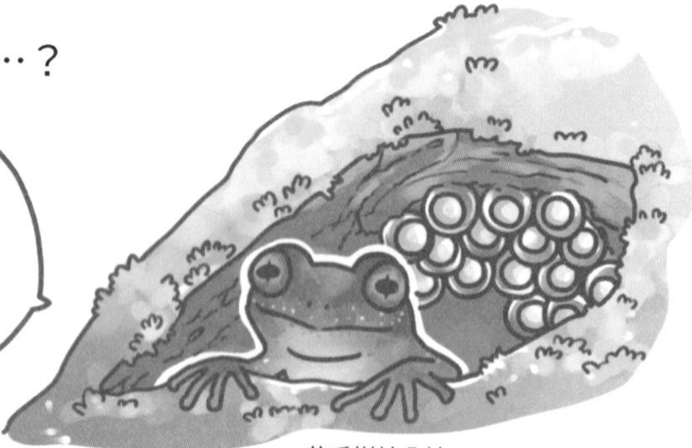

艾氏樹蛙公蛙

愛是什麼…？

愛是…
蛙媽媽
餵蛋蛋！

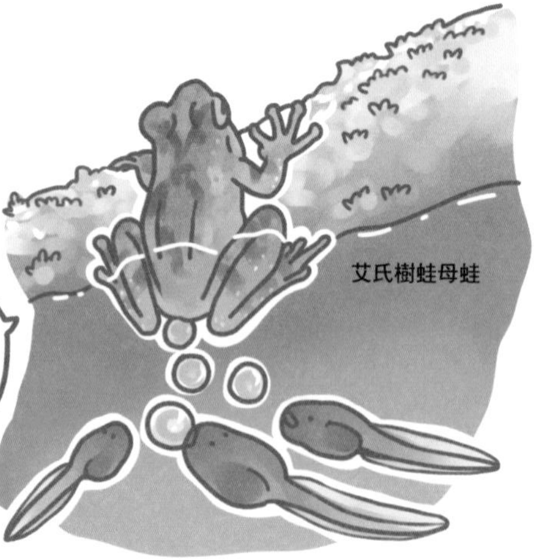

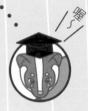

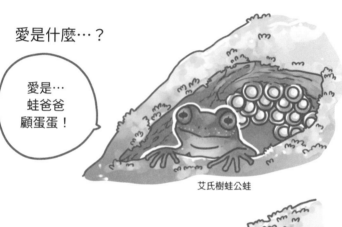

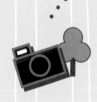

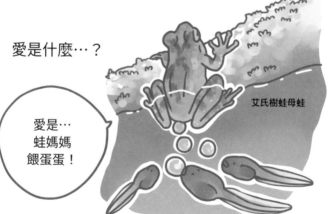

艾氏樹蛙

Kurixalus eiffingeri

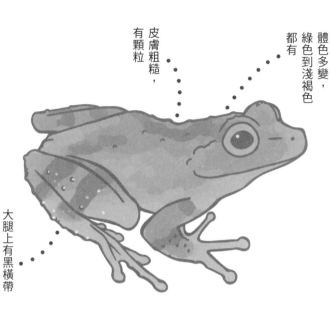

體色多變，綠色到淺褐色都有
皮膚粗糙，有顆粒
大腿上有黑橫帶與小白點

大多數的蛙類在進行假交配*、產卵之後，便會瀟灑離開。但艾氏樹蛙是蛙界少數會照顧後代的成員，母蛙產下卵之後，公蛙會在小水域留守，維持卵粒的濕潤，直到小蝌蚪孵化才離去，堪稱蛙界好奶爸。孵化後的餵食工作，就轉由蛙媽媽負責。

艾氏樹蛙喜歡在樹洞、竹筒裡的暫時性水域產卵。在這裡生兒育女的好處是小蝌蚪不容易遇到天敵，但這種小水域的食物資源也比較受限，當一群小蝌蚪誕生，食物根本不夠牠們吃。蛙媽媽要怎麼餵飽小孩呢？

是出去找獵物？還是把自己吃下的食物反芻呢？都不是！蛙媽媽

每隔一段時間，就會回來產下未受精卵，讓小蝌蚪吸食。

這個方法從人類的角度聽起來，或許有點獵奇，但大自然裡的生存方式，原本就是千奇百怪。對於資源和能力有限的蛙家長來說，只要能讓後代們順利長大，任何方法都是好策略。

下回，當你經過一個潮濕的小樹洞或小竹筒。小心地往裏頭觀望，幸運的話，或許還會看到守著卵的公蛙，或是產卵餵食小蝌蚪的母蛙喔！

＊假交配：公、母青蛙交疊在一起時，並沒有生殖器的交合，而是確保將精子與未受精卵同時排出，在排出體外的時刻受精。因此，青蛙雖會「抱接」在一起，實際上是進行體外受精喔！

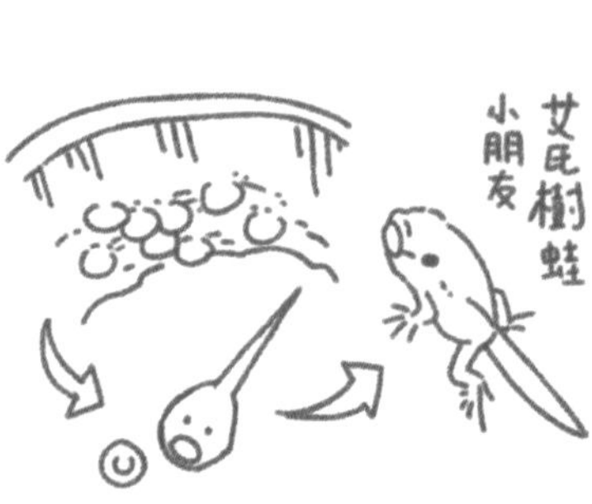

濕

喔~

來玩鼬科大風吹吧

大風吹
吹什麼~
黃喉貂
鼬獾
歐亞水獺
黃鼠狼
小黃鼠狼
吹手腳有蹼又有屁股臉的朋友。
這是在霸凌我嗎!?
那我要吹臺灣所有的貂科動物。
哇

歐亞水獺

Lutra lutra chinensis

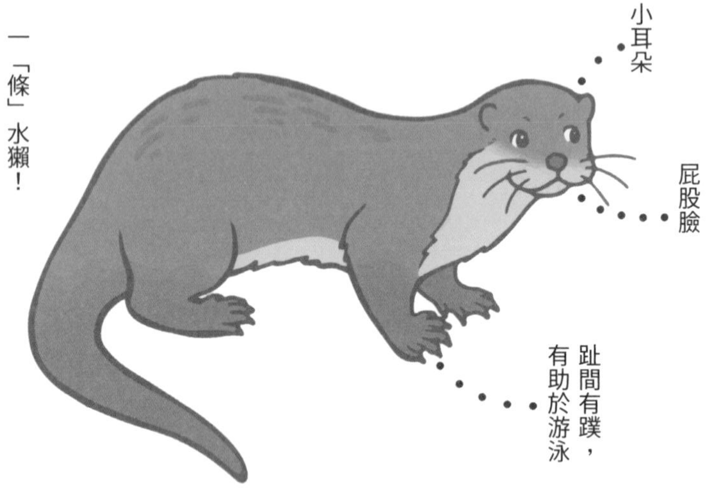

水獺擁有大大、鼓鼓的腮幫子，有時會被大家笑稱是「屁股臉」……咦，水獺不要難過啦！

臺灣許多鼬科動物的成員，包括鼬獾、臺灣小黃鼠狼、黃鼠狼、黃喉貂，以及歐亞水獺。在這群成員中，只有水獺是半水棲的，我們可以在牠的手腳上發現蹼。

歐亞水獺的生活離人很近，牠們晝伏夜出，到了傍晚會離開巢穴、前往湖泊覓食，由於這個過程經常需要過馬路，「路殺」*就成為一大威脅。金門的歐亞水獺在臺灣被列為瀕危的一級保育類動物，能看見牠就跟中獎一樣幸運。

歐亞水獺曾經廣泛分布於臺灣的溪流環境中，但河川污染、路殺，以及流浪動物的追咬等問題，都令水獺的生存越來越困難，如今只有金門還存在牠的蹤跡。金門因為早年是戰地，軍方為了戰備與民生需求，積極在各地造林、設置湖泊，意外為歐亞水獺打造了適合棲身的住所。

除此之外，金門面積小，加上高度人工化且單一的水域環境，很適合外來種魚類（例如吳郭魚）繁殖。而這些外來種吳郭魚，竟意外成了金門水獺最穩定的食物來源，這實在令人哭笑不得。畢竟，我們還是希望水獺的居住環境盡可能貼近自然，並取食原生魚類呀。

＊路殺：小動物在過馬路的時候被交通工具撞死或壓死的狀況。

濕

水邊飛揚的黑色風箏

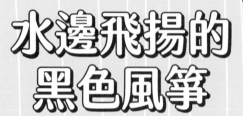

一八六三年，斯文豪先生發表《福爾摩莎鳥學》，記錄了臺灣黑鳶的第一筆資料。他如此寫著：
斯文豪
英國駐打狗第一任領事
黑鳶
「這種鳥喜歡在水域覓食，常在港口邊盤旋好幾個鐘頭。」
說得沒錯！
「牠們是髒兮兮的饕客，身上總是有很濃的臭味！」
欸！
「而且還有很多羽蝨！」
斯文豪先生!?

黑鳶

Milvus migrans

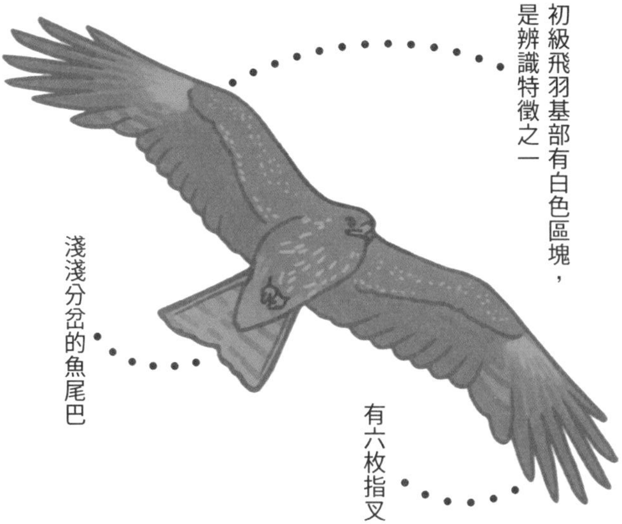
初級飛羽基部有白色區塊，是辨識特徵之一
淺淺分岔的魚尾巴
有六枚指叉

在名為「雨都」的基隆，很容易可以觀察到黑鳶成群在港口盤旋，牠們時而靠近海面撿拾死魚，時而互相追逐搶食物。牠們會一前一後鼓動翅膀，時而向上、時而轉彎，「搶匪」眼睛專注地盯著對方腳爪裡的好料，緊緊尾隨。被追逐的黑鳶則一邊想辦法甩開搶匪，一邊低頭趕快吃魚。畢竟食物放在肚子裡，就不擔心被搶了。

黑鳶早年在臺灣的數量並不多，沈振中老師在一九九二年調查黑鳶數量時，全臺灣的黑鳶甚至不到兩百隻。牠們破碎分布在北海岸、東北角、淡水河流域、嘉義曾文水庫，以及屏東沿山一帶。奇怪的是，黑鳶是世界地理分布最廣的猛禽之一，廣泛分布於亞、歐、非、澳各大洲，而且在臺灣以外並不算稀有的生物。住在臺灣的黑鳶究竟怎麼了？

二〇一二年，屏科大鳥類生態研究室收到兩隻死亡的黑鳶，牠們是一對信使，為大家捎來了重要的消息——「我們農藥中毒了」。隔年，學者發現有少數農民為了避免紅豆在採收期被鳥類取食，因此以稻穀浸泡「加保扶」製作毒餌，使得許多取食稻穀的鳥兒中毒身亡。而黑鳶便是因為撿食這些死鳥，才會跟著中毒。

得知原因之後，研究人員林惠珊化身保育大使，走進農田與人對話，推行不毒鳥的「老鷹紅豆」，梁皆得導演也拍攝紀錄片《老鷹想飛》。他們的努力感動了許多人，一起為黑鳶打開守護者的羽翼。台灣猛禽研究會自二〇一三年起接手調查工作，驚喜發現：二〇一九年冬季調查，黑鳶已經回到七百零九隻，二〇二〇年冬季更增加到八百四十隻！

黑鳶用數量告訴大家，支持友善農產品對於保育確實很有幫助，喜歡野生動物的你我，就用錢錢將友善農產品「下架」吧！

濕

南崁企鵝出沒？

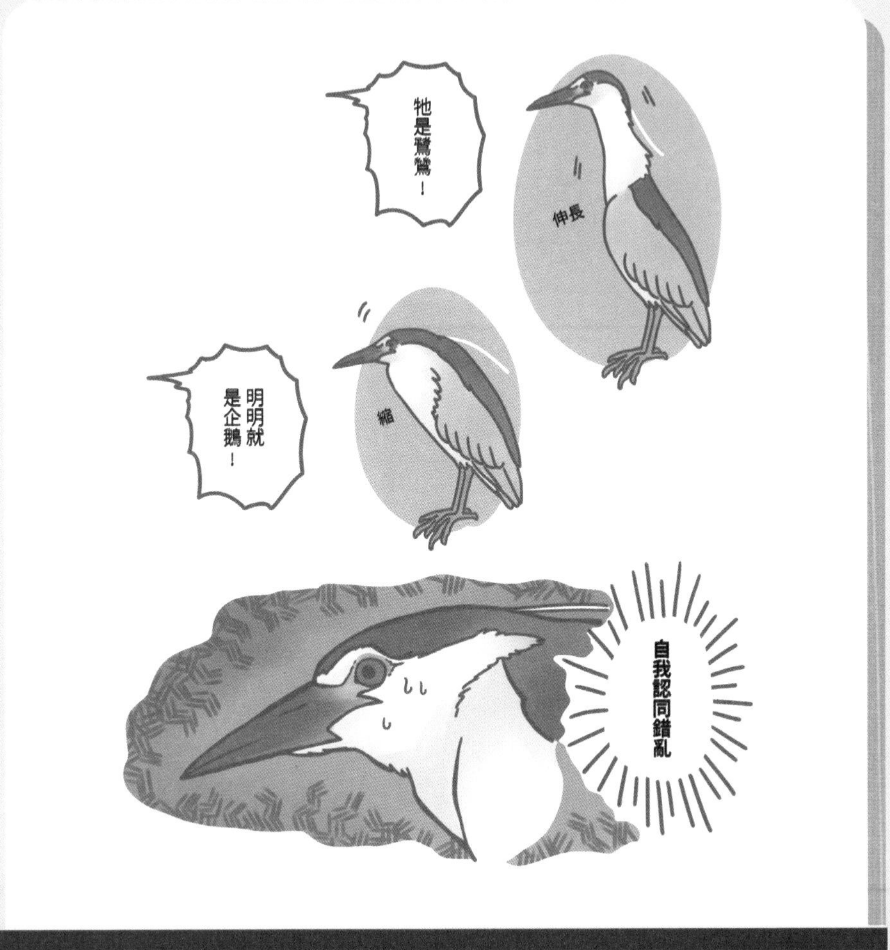

夜鷺

Nycticorax nycticorax nycticorax

二〇一八年，有人通報在桃園南崁溪邊出現一隻「企鵝」！這可不得了了，警察火速到場，一把將這隻「企鵝」抓走。野鳥協會也趕快到場確認，這才發現只是一隻倒楣的夜鷺……「這裡是南崁，不是南極啦！」這個故事已經成為賞鳥人之間廣為流傳的笑話，時至今日，大家還是會戲稱夜鷺為「南崁企鵝」。

夜鷺真的長得像企鵝嗎？夜鷺和小白鷺、黃頭鷺和黑冠麻鷺，這群「鷺」字輩的鳥兒，共同點就是「苗條」。牠們的嘴喙、脖子，以及雙腳，都十分修長纖細。當牠們引頸觀望，脖子會呈現彎曲的S型。但是縮起脖子的時候，又會讓人產生一種矮矮胖胖的錯覺。加上夜鷺藍白黑的色調，可能是造成牠被誤認的原因。

夜鷺一般棲息在水邊，食物包含魚蝦和兩棲爬行類。牠會佇立在河流、沼澤和池塘中，靜待獵物進入捕獵範圍，快速啄起後，再帶到岸上吞食。特別的是，有些夜鷺還會「用餌釣魚」！牠們會用麵包、昆蟲、枝條、爆米花，或是其他漂浮物當作「餌」，用來吸引獵物，或使獵物分心，大大提升捕食成功率。

這個技能有多特別呢？在二〇一〇年，研究回顧記錄過這種行為的鳥類只有十二種，其中就有七種屬於鷺科。之後又發現還有更多鷺科物種會釣魚。

如果要用演化來詮釋這個行為，或許是因為鳥兒將漂浮物與獵物的出現連結在一起了。但是，「用餌釣魚」的技能無論在物種間或個體間都不多見，有人認為懂得「使用工具、製作工具」的動物通常具備特殊的認知能力，或許鳥兒並沒有這種認知，所以相關記錄才這麼少，畢竟鳥兒不會自己製作麵包呀～

到底為什麼我們不常看到夜鷺用餌釣魚？目前也沒有肯定的答案。或許是只有少數天才小釣手能學成，或許是取得釣餌太麻煩，又或許……夜鷺常在晚上釣魚，只是我們沒發現而已。（笑）

濕

清流裡的巧克力

喔~

白蘿蔔蹲完，翠蘿蔔蹲！
一蹬
一蹲
咚
褐河烏
翠鳥
鉛色水鶇
翠蘿蔔蹲完，鉛色蘿蔔蹲！
一蹬
一蹲
咚
褐河烏！你怎麼一直蹲呢？
咦！
你要聽到巧克力蘿蔔才可以蹲！

褐河烏

Cinclus pallasii pallasii

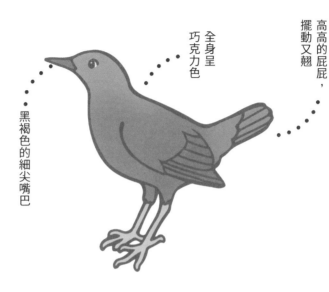

在都會區的河川中，可以看到各種鷺科、鶺鴒鳥、鉛色水鶇、翠鳥，有時還能見到紫嘯鶇。但是有一種溪流鳥類，在都市就不容易看見了，那就是全身褐色的「褐河烏」。

世界上的河烏有五種，分布在臺灣的河烏是「褐河烏」。褐黑色的牠，令人想起情人節的巧克力。因此，愛鳥人偶爾也會以「巧克力」戲稱褐河烏。褐河烏只吃溪流中的生物，以石蠶蛾、蜉蝣、石蠅等水生昆蟲為主，有時還有小型魚、蝦和蝌蚪。這些獵物的出現仰賴乾淨、未受污染的河流，因此若想要一窺褐河烏的英姿，可能得稍微離開都市的舒適圈。

褐河烏就像是鉛色水鶇、鶺鴒鳥、小剪尾等等水邊的鳥類，牠們不知為何，都有上下擺動尾巴的習慣。褐河烏不僅擺得更加起勁，雙腳還會配合尾巴蹲啊蹲，十分可愛。

褐河烏一點都不辜負名字裡的「河」字。防水羽毛、有如泳鏡的瞬膜，以及銳利的腳爪，是褐河烏討生活的高級配備。牠們能在較淺的水流中，以腳爪攀附石塊，將頭埋進水裡尋找食物，更厲害的是，褐河烏是臺灣唯一會潛水的雀形目鳥類，在有點深度的水域，牠們可以全身沒入水中游泳！

適應河流的牠們，繁殖的季節也和其他鳥類不一樣。一般而言，春、夏季的自然資源最豐厚，許多鳥類會在這段期間生下小寶寶。但是褐河烏只吃溪流中的生物，雨量豐沛、溪流暴漲的夏季，反而是牠們食物取得不穩定的時候。因此為了確保育雛時期有足夠的食物，褐河烏的繁殖發生在比較冷的一月至三月。

但是，近年的極端氣候，讓褐河烏討生活越來越困難。當暴雨來襲，褐河烏就必須躲到較不受洪水侵襲的地區避難。而颱風季若持續到秋季，河川生態來不及恢復，也會間接影響到褐河烏的繁殖。極端變動的氣候打亂了生物們的行事曆，也造成我們的危機，需要我們好好正視。

濕

我不是金龜子，我是真正的龜喔！

金龜

Mauremys reevesii

殼呈褐色到黑色
背上有三道稜脊
臉部有不規則粗金線

不是會飛的「金龜子」那類昆蟲，而是真正的龜啦！臺灣陸域的原生龜鱉有食蛇龜、柴棺龜、斑龜、中華鱉，以及分布在金門的金龜。在這五種龜鱉之中，目前有三種在臺灣屬於保育類動物，金龜就是其中一員。

金龜的兩側臉頰通常會有金黃色的不規則斑紋，食蛇龜和柴棺龜則只有一條眼後金線，而斑龜臉上的條紋則較多、較細、且多呈平行。不過，金龜的個體之間有很大的變異，例如部分個體成熟會有「黑化現象」，金黃色的條紋會變得不明顯甚至完全消失。或許也是因為這樣，中國會將金龜稱為「烏龜」。此「烏龜」非彼「烏龜」，是指一個特定的物種，可不是龜的泛稱喔。

金龜的原生家園遍及韓國、中國及沿岸臨近的島嶼，包括金門。日本及沖繩諸島的金龜則為外來的族群。而在臺灣本島未確認有穩定的野生族群，學者曾經在臺北與南投採集過金龜，但近年的調查幾乎沒有再看過了。在臺灣的陸域上，唯有金門還有棲息穩定的野生金龜族群。

金門為舊時戰地，為了存備水源鑿了許多水塘。這些水塘久了就密布水生植被，成了金龜的隱密家園。不過，一些湖泊因為整治，去除了水域植被，讓害羞的金龜無處藏身，只能搬家。然而，移動到下一個棲地時，縱橫的道路與來往的車輛，往往讓過路的金龜成為車下亡魂。

不只如此。根據臺師大生命科學系教授林思民，金門的金龜所遭遇的最大問題，是與外來龜種雜交造成基因污染。金門島的外來龜種有斑龜與巴西龜，由於人類的引入及水渠的開發，其中斑龜已經大幅與金龜的分布重疊，並交配產生雜交龜了。

為了守護金門的珍貴族群，減少自然棲地的人為破壞、將外來龜種移除，是現階段能做的方式。到金門遊玩時，可以注意茂密的草澤，或許在某塊枯木上便能見到金龜唷~

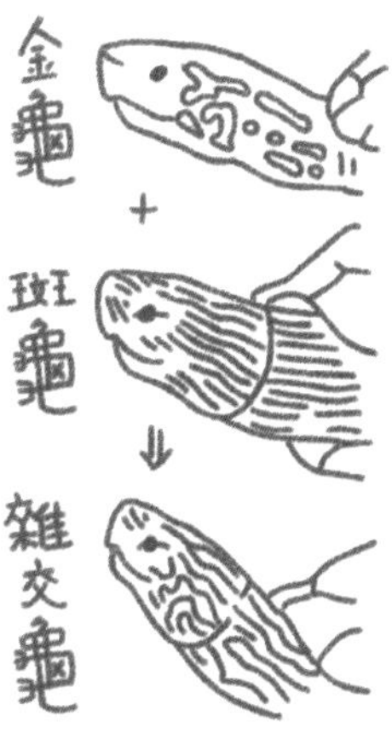

濕

與你我生活最靠近的燕鷗

小燕鷗

Sternula albifrons sinensis

繁殖期有帥氣黑油頭
繁殖期嘴變黃且末端黑
氣質的燕尾服

臺灣的燕鷗有很多種類，最知名的是人稱「馬祖神話之鳥」的黑嘴端鳳頭燕鷗。牠的嘴部是橘黃色，最尖端則是黑色的。這種鳥曾一度絕跡數十年，直到二〇〇〇年才被人發現在馬祖有穩定的繁殖族群。根據二〇一五年的計算，黑嘴端鳳頭燕鷗在全世界的族群數量可能只有一百隻左右，被IUCN紅皮書*列為極度瀕危。這有如神話一般的鳥類，也是賞鳥人心目中的瑰寶。

本篇要介紹的另一種燕鷗，個子比神話之鳥小得多，牠們在繁殖期間同樣擁有黃色嘴、黑嘴端的特徵，被戲稱為「侏儒黑嘴端燕鷗」。牠們便是臺灣體型最小的燕鷗——小燕鷗。

每年大約四月到七月，「每到夏天我要去海邊！」的時候，也是小燕鷗繁殖的季節。牠們換上美麗的繁殖羽、黑嘴端，以及黑白對比鮮明的額頭，就像梳了油頭一般講究；在非繁殖期的時候，牠們的嘴喙則是全黑，髮線後退，雙腳的顏色也變得黯淡，化妝對比素顏，簡直判若兩鳥！

在臺灣繁殖的燕鷗，大

多選在岸外礁岩繁殖，比較不用擔心受到人為干擾。但小燕鷗卻不是這樣，舉凡我們可以抵達的沙灘、礫石地、短草地、珊瑚碎屑沙地等，都可能獲得小燕鷗父母青睞。小燕鷗會把蛋直接產在地上，人們奔向海灘時，很可能不小心就把牠們的蛋踩壞了。

為了守護小燕鷗，桃園市野鳥學會協同中油公司，選定幾處繁殖地設置圍網，減少干擾，也讓愛鳥人可以在適當距離外觀察。為了吸引小燕鷗爸媽放心前來繁殖，桃園鳥會更製作了水泥假鳥放在圍網內。

小燕鷗雖不像神話之鳥那般稀少，但是在臺灣也被列為二級保育的海域野生動物，在牠們的繁殖期，去海邊玩時請小心腳下，也盡量避免踏足沿海荒地，讓小燕鷗寶寶平安長大！

＊IUCN 紅皮書：科學家會監測瀕危物種的滅絕風險，定期更新世界自然保育聯盟（International Union for the Conservation of Nature, IUCN）紅皮書中物種生存風險的嚴重程度。瀕危等級從輕微到嚴重有七級，依序為無危（LC）、近危（NT）、易危（VU）、瀕危（EN）、極危（CR）、野外滅絕（EW）和滅絕（EX）。

這些等級需要經由數據來評估，所以缺乏數據（DD）或未做評估（NE）的物種就無從得知牠的瀕危等級。

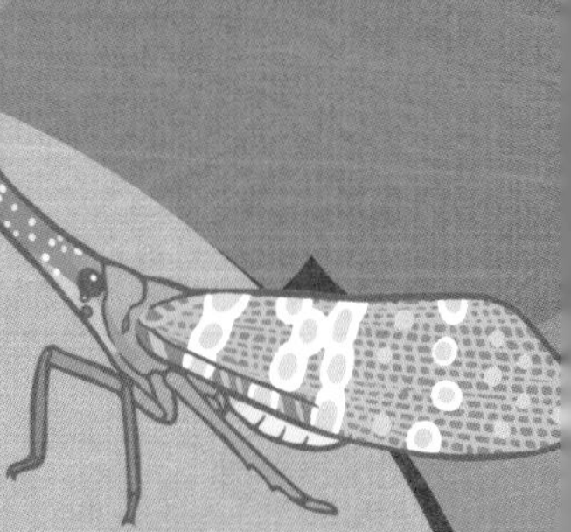

Part 5 來自海外的牠

這個篇章收錄了來自外地的生物。牠們起初被當作觀賞動物、寵物、或食用動物引入，有些則是在進口貨物時意外被夾帶進來。

無論是因為什麼理由來到臺灣，牠們都不應該出現在臺灣的野地。這些被人引入的生物背後有哪些故事？我們又該用什麼態度面對外來生物呢？就讓我們一起看下去……

外

都市叢林裡的小恐龍

仔細看，尾下黑白條紋、白色嘴巴的是原生種。
另一隻雖然很像，但是白尾巴是外來種喔。
聒噪
聒噪
臺灣八哥
白尾八哥
哦~原來是「白嘴巴」哥和「白尾巴」哥！
蛤，不是這樣！

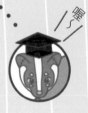

白尾八哥

Acridotheres javanicus

玉子小時候跟家人到新加坡遊玩時，在馬路上看到許多黑色的鳥，牠們挺立身體，細小的瞳孔看起來很機警，好像都市裡的迅猛龍。我那時心想，似乎沒在臺灣看過這種鳥？

現在回想起來，當時在新加坡看見的，應該就是白尾八哥。牠們起初分布在爪哇，後來被進口到臺灣做為寵物或放生鳥，在野外快速繁衍。如今只要稍微留意都市建築、公園草生地，很容易就能觀察到白尾八哥取食小動物或植物果實。外來種八哥除了白尾八哥，還有家八哥，以及同屬椋鳥科的其他椋鳥，但白尾八哥是最普遍的種類。

其實，臺灣還有一種原生的八哥，我們平常就叫牠「八哥」或「臺灣八哥」。臺灣八哥屬於臺灣特有亞種，目前是第二級保育類動物。牠們的食性與生態棲位*都與白尾八哥十分相似，因此白尾八哥的擴張也壓迫到了臺灣八哥的生存。

我們有許多接觸外來種八哥的機會，在八哥育雛的春夏季，時常會有人撿到落巢和學飛的八哥幼鳥。若撿到外來種八哥，可以設法找人收編，避免族群擴散；撿到原生的臺灣八哥，就要視情況放回原地，或是請求專業支援。

要如何辨識本土八哥和外來種八哥呢？辨識成鳥時，只要記得「嘴巴」和「尾下覆羽」兩個關鍵：嘴巴黃色的是外來種，白色的是本土種；尾下腹羽純白的是外來種，黑白條紋相間的則是本土種。但是若撿到羽毛未豐的幼鳥，辨識就會困難許多，最好交給專業救傷人員處理。

＊生態棲位：又稱小生境、生態區位、生態地位。描述一個生物體是如何使自己在某處活命，並且在這個棲地中，扮演著什麼樣的角色。例如禿鷲取食腐肉的習性，讓牠被視為環境裡的清道夫。

外

種花種出奇妙蛙蛙？

借你看我的美腿～
哇，我們的盆栽裡面有青蛙！
生態真好～
是不是很漂亮？
欸…你是外來種斑腿樹蛙喔？
外來種斑腿樹蛙
原生種布氏樹蛙

斑腿樹蛙

Polypedates megacephalus

背部的紋路通常為X形，但不是非常可靠的辨識特徵
蛙蛙的趾頭為前四後五
斑腿樹蛙的腿紋為黑底白點

斑腿樹蛙的原生地在華南、香港、海南島、印度、中南半島等區域。而臺灣本島的首次發現則在二〇〇六年的彰化田尾，疑似是以卵泡形式附著於園藝植物引入臺灣，隨後再跟著植栽擴散到其他縣市。

斑腿樹蛙的適應力驚人，危害主要在於排擠共域蛙類，尤其是生態習性相近的臺灣原生種布氏樹蛙（*Polypedates braueri*）。斑腿樹蛙的繁殖期比布氏樹蛙早且長，而且在水域空間狹小的蝌蚪期，也曾發現斑腿樹蛙的蝌蚪捕食原生種蝌蚪，使得部分棲地的布氏樹蛙逐漸被斑腿樹蛙取代。

由於布氏樹蛙和斑腿樹蛙都是

泛樹蛙屬，而且親緣關係接近，彼此形態相似，不容易辨識。然而，還是有幾個要點可以做為判斷的依據。

首先，我們可以看看蛙的背部。多數情況下，布氏樹蛙的背紋為「川」字（三至五條的黑色平行條紋），斑腿樹蛙則是「Y」或「X」型，但兩者都有少數個體會出現對方的背紋，所以這不能做為唯一的判斷標準。

除了背紋之外，也可以檢查蛙的大腿內側紋路。斑腿樹蛙的腿紋為「黑底白點」，白色部分為較完整且規則的圓形，而布氏樹蛙則是「白底黑網紋」，白色區域不規則、黑線連續，彷彿穿了黑色網襪。不過，最準確的方式還是聆聽蛙鳴聲，布氏樹蛙的聲音響亮，類似規律敲竹筒的「搭、搭、搭」，而斑腿樹蛙則是不規律且音量微弱的「嘎、嘎、嘎」。

斑腿樹蛙族群持續擴大，如今足跡幾乎遍及臺灣中北部。不妨多留意周遭的綠地和植栽，當發現有疑似斑腿樹蛙出沒，可以至「臺灣兩棲類保育網」通報，讓專業人員來辨識與移除。或者也可以加入臺灣兩棲類保育志工的行列，一起實踐維護棲地生態的理想！

外

吃素的大蜥蜴

喔~

嚇死人，好大的蜥蜴！
長這麼可怕，好像哥吉拉！
你這個外來種肯定會把臺灣的小動物通通吃光，太可惡了！
嚼嚼
嚼嚼
？
…你是吃素的喔…？

綠鬣蜥

Iguana iguana

背上有鋸齒狀鬣鱗
尾巴有深色環紋
腮幫子有大圓鱗，可以此和綠水龍區分

綠鬣蜥原產於中南美洲的溫暖森林環境，是寵物市場的熱門物種。但臺灣掀起飼養熱潮以後，卻因為棄養或業者管理不當，使得綠鬣蜥在臺灣南部形成了穩定的野外族群。因為外表不討喜，人們對牠的印象大多是「會危害農作物」、「兇惡的外來種」。

不過，綠鬣蜥看起來雖兇，其實是吃素的！牠們主要取食植物的葉、花及果實，其中又以構樹葉片佔最多數，取食農作物的比例只有在靠近開闊農地的區域比較高，但仍比構樹少。

不過，這未能阻擋大家的恐懼。人們害怕綠鬣蜥會對農業、觀光與生態造成危害。或是擔憂綠鬣蜥到了繁殖季節會到河岸挖土產卵，可能會破壞河堤基礎，使堤岸倒塌。因為這些疑慮，行政院農業委員會在二〇一五年禁止綠鬣蜥輸入臺灣，而後又規定飼主必須登記才能繼續飼養，且不能自行繁殖（野生型）。

然而，綠鬣蜥就像其他寵物一樣，也是飼主的寶貝，也仍有許多用心的飼主願意遵守嚴格的規範。除了全面禁止私下飼養，建立完善的飼養規範也許更加重要。

從生態的角度考量，溢出野外的綠鬣蜥的確需要移除。然而，有民眾以「除害」之名，持彈弓、瓦斯槍、魚叉獵捕綠鬣蜥，這些方式不僅效率差，也可能讓綠鬣蜥驚慌逃逸，增加擴散範圍。

更有人捕捉後對綠鬣蜥施加不必要的虐待，諸如讓綠鬣蜥咬著爆竹遭受爆炸。儘管綠鬣蜥是入侵種，但生命本身沒有罪過，請盡量減輕牠們的痛苦，讓牠們有尊嚴地離開。

外

惡名昭彰

喔～

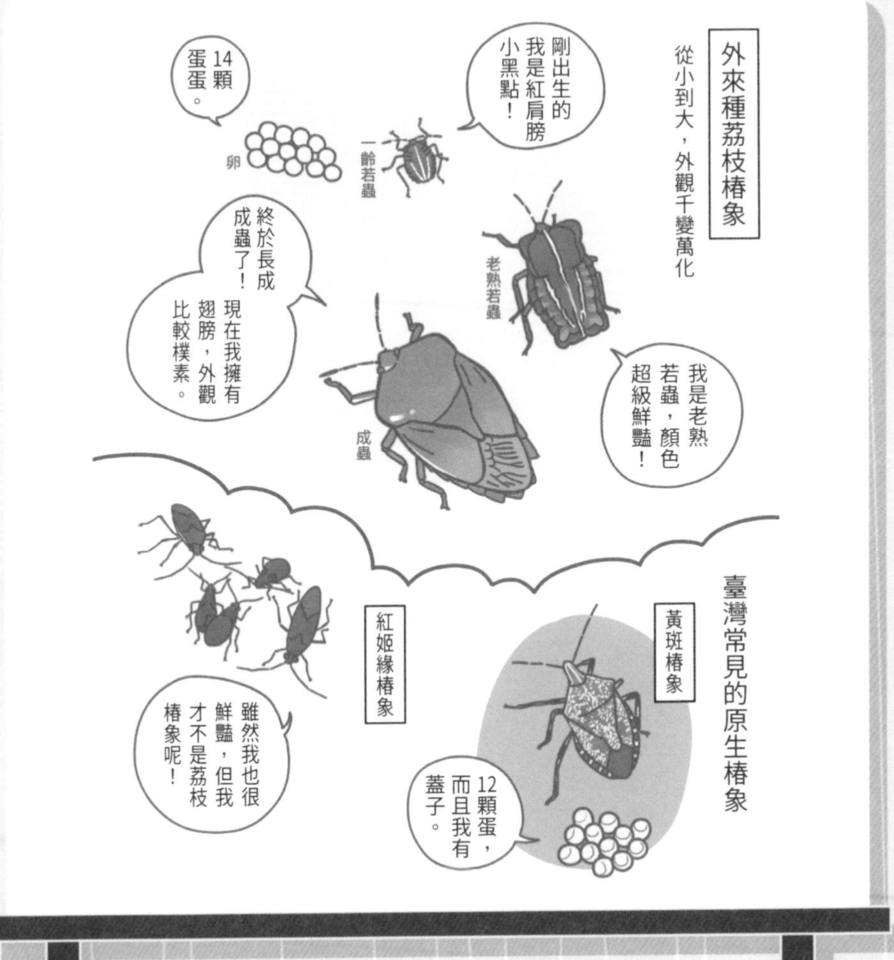
外來種荔枝椿象
從小到大，外觀千變萬化
剛出生的我是紅肩膀小黑點！
14顆蛋蛋。
卵
一齡若蟲
老熟若蟲
我是老熟若蟲，顏色超級鮮豔！
終於長成成蟲了！現在我擁有翅膀，外觀比較樸素。
成蟲
臺灣常見的原生椿象
黃斑椿象
12顆蛋，而且我有蓋子。
紅姬緣椿象
雖然我也很鮮豔，但我才不是荔枝椿象呢！

荔枝椿象

Tessaratoma papillosa

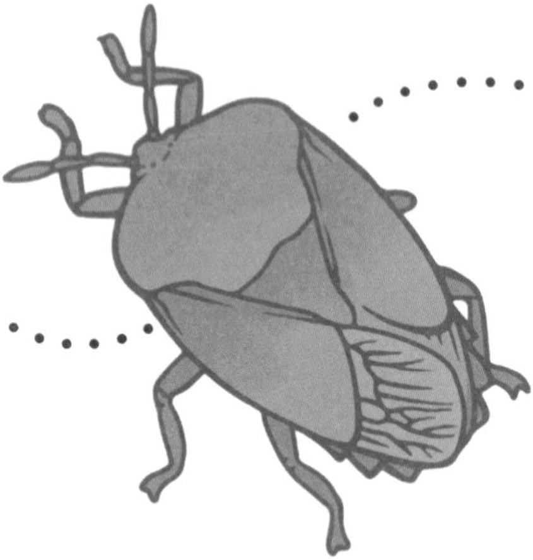

玉子第一次認識荔枝椿象，是在大學修習「蟲害概論」的時候。荔枝椿象主要危害龍眼、荔枝和臺灣欒樹等無患子科的植物，牠們以細長的口器刺吸植物的嫩梢、花穗和幼果，導致植株掉花、掉果。荔枝椿象之所以惡名昭彰，也因為被牠的臭液噴到皮膚或眼睛，會引起灼傷一般的潰爛，相當疼痛！

荔枝椿象並不是臺灣原生種，牠們於一九九九年在金門首次被發現，二〇〇八年在臺灣本島被記錄。公園與校園常見的臺灣欒樹，是荔枝椿象的重要寄主植物之一。如果你家住在校園或公園旁邊，荔枝椿象很可能會飛到晾在陽台的衣服上產卵！牠這種隨處產卵的奇葩習性，使人們每到季節回暖，就會紛紛發文詢問：「這是什麼蟲的卵？」

荔枝椿象的卵剛產下時為淡綠色，數目通常為十四顆。看到卵塊的時候不用緊張，卵基本上沒有毒性，只要戴手套摘除就好了。在確定物種之後，可以順手將卵塊壓破，避免進一步擴散。

椿象的成長有三個階段：卵、若蟲和成蟲。牠們不像蝴蝶會經歷完全變態，椿象從小看起來就很「椿象」了。儘管如此，荔枝椿象的若蟲和成蟲外型還是有很大的變化，剛出生的一齡成蟲為圓形，深灰色的身體搭配肩上兩個紅點；二到五齡的若蟲，則是長方形，身體橘黃色、有白色的中線、體側為藍灰色；到了成蟲期，牠們的外表就變得很普通了，體表是紅褐色、腹面則是白色。

境外的農業害蟲被不小心帶入臺灣，很可能會造成嚴重的農業損失。因此，進出口產品的「檢疫工作」*非常重要！

＊檢疫：目的是阻止有害的生物進入臺灣。如果某種生鮮產品的出口地是一種病蟲害的「疫區」，而臺灣是「非疫區」，這些產品就會被禁止輸入臺灣。檢疫人員會在貨物進出口時把關，也會在機場帶著狗狗攔截生鮮產品。

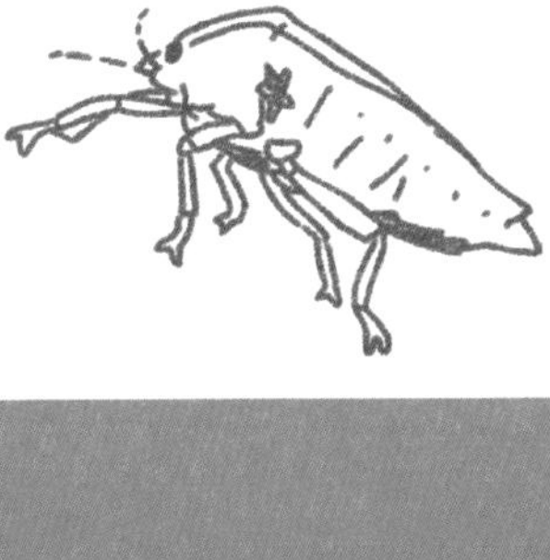

外

我不是吃龍眼的雞喔！

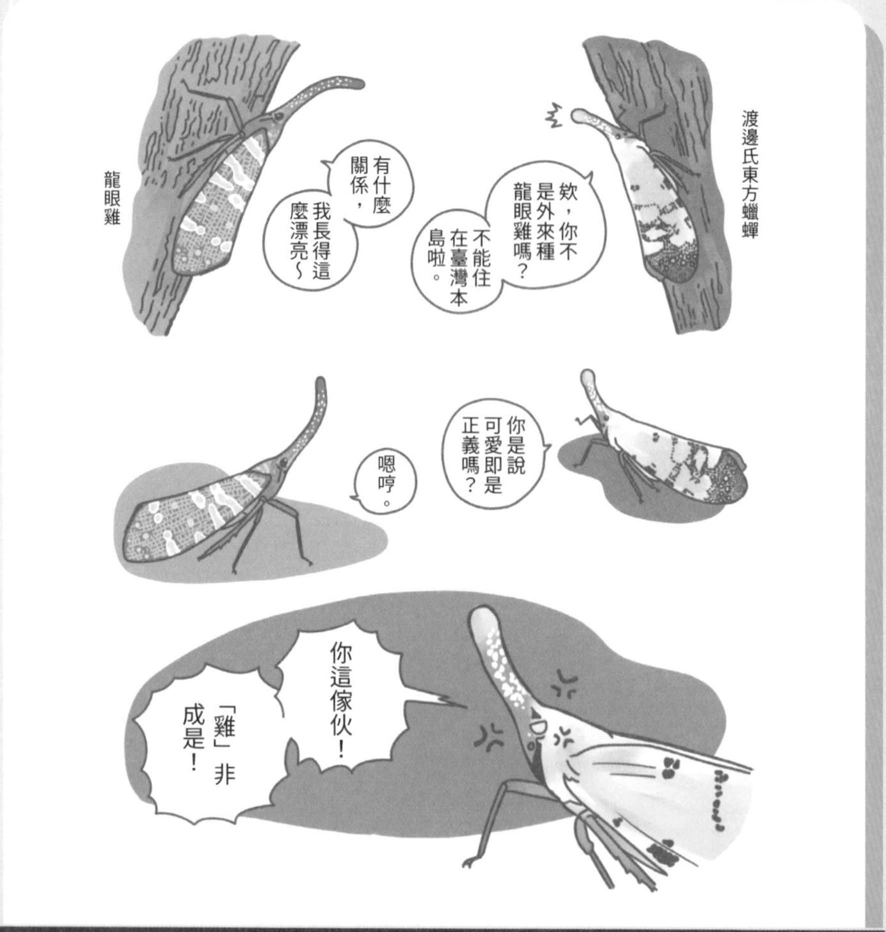

渡邊氏東方蠟蟬
龍眼雞
欸，你不是外來種龍眼雞嗎？不能住在臺灣本島啦。
有什麼關係，我長得這麼漂亮～
你是說可愛即是正義嗎？
嗯哼。
你這傢伙！
「雞」非成是！

龍眼雞

Pyrops candelaria

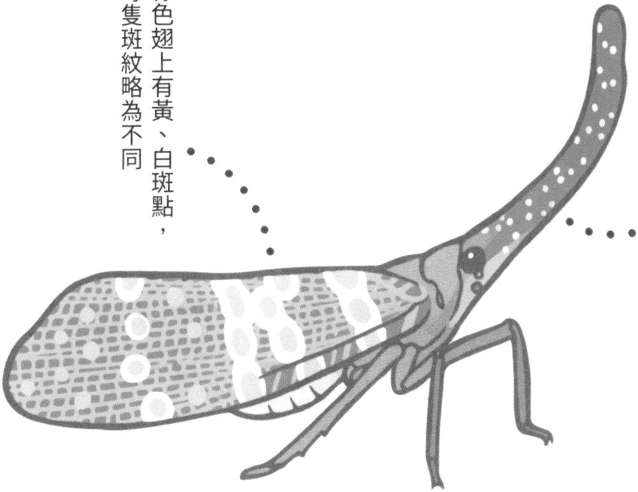
綠色翅上有黃、白斑點，每隻斑紋略為不同
細長的吻狀突起呈紅色，佈滿白點

除了荔枝椿象，臺灣還有一種會吸食龍眼樹液的外來生物——龍眼雞。

龍眼雞不是咕咕叫的雞，是一種昆蟲。牠喜歡宅在龍眼樹上生活，屬於半翅目的蠟蟬科，因為以前蠟蟬曾被稱呼為「樗（ㄕㄨ）雞」，所以龍眼雞的名字裡才會有個「雞」字。

龍眼雞的外表很漂亮，頭上有一根突起的紅色吻部，深綠色的翅膀上面還有黃色的斑紋。這種豔麗的昆蟲原本生長在中南半島北部到華南一帶，包含中國南部、印度、泰國、寮國，以及金門。

龍眼雞原先並沒有分布在臺灣本島，但二〇一八年，有人在新北市五股、八里發現了一群龍眼雞。牠們是怎麼來的呢？由於龍眼雞是一種很「宅」的昆蟲，不大可能自己飛來臺灣；那麼，牠們是隨著苗木進來的嗎？臺灣也沒有由華南或越南進口龍眼跟荔枝苗木的需求。因此被人為帶進來的可能性最大。

龍眼雞會刺吸危害龍眼和荔枝，影響養分輸送，牠們的排泄物沾黏到葉片上，也可能造成煤污病，降低葉片的光合作用效率。牠在臺灣本島屬於外來種，應該盡快移除。不過，面對如此豔麗的昆蟲，也有人忍不住詢問：「牠這麼美，何不把牠留下來？」

龍眼雞的確很漂亮，但牠的害蟲身分，可能造成臺灣出口產品時被視為「疫區」；此外，龍眼雞也會停棲在臺灣的烏桕樹上，可能排擠到臺灣本土、吸食烏桕樹液的渡邊氏東方蠟蟬。為了維護臺灣的檢疫地位和生態環境，請不要隨意引入外來種，或是干預他人移除喔！

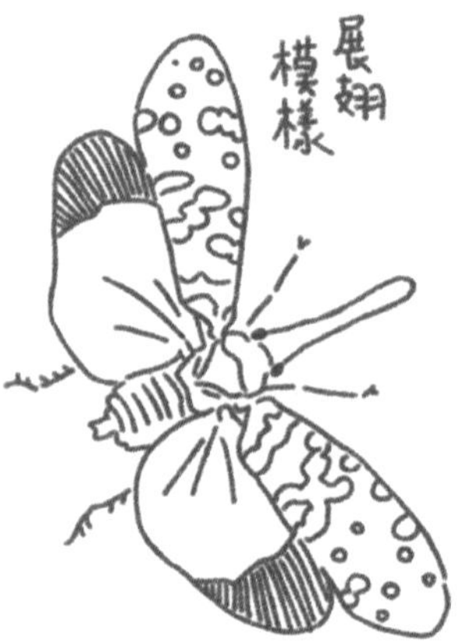

外

忽有龐然大物，拔山倒樹而來

喔~

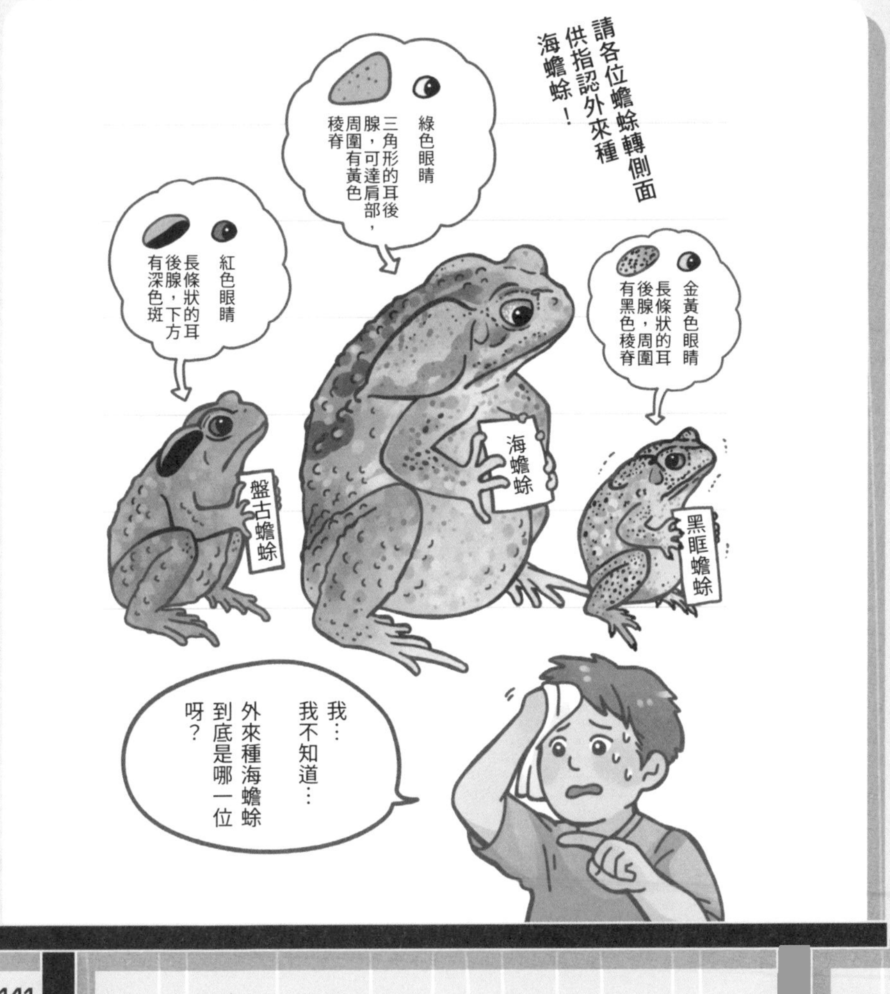

請各位蟾蜍轉側面供指認外來種海蟾蜍！
綠色眼睛
三角形的耳後腺，可達肩部，周圍有黃色稜脊
金黃色眼睛
長條狀的耳後腺，周圍有黑色稜脊
紅色眼睛
長條狀的耳後腺，下方有深色斑
海蟾蜍
黑眶蟾蜍
盤古蟾蜍
我…我不知道…外來種海蟾蜍到底是哪一位呀？

海蟾蜍

Rhinella marina

玉子第一次聽聞海蟾蜍，是看見有篇文章分享澳洲的奇聞：澳洲當地外來種蟾蜍肆虐，其毒液會造成掠食者死亡。沒想到家犬竟對蟾蜍毒液上癮，還會刻意取食少量毒液以產生快感。玉子當下真的有一種「我看了什麼」的感覺。

海蟾蜍也被稱為蔗蟾（cane toad），名列「世界百大入侵種」，野外個體吻肛長（從嘴／鼻最前端到肛門的總長度）大多介於十至十五公分，大的可達二十四公分，凡是體型比牠小的生物都會吃，體內的毒素則會讓掠食者中毒死亡，同時危害到食物鏈兩端的生物。

海蟾蜍耐受逆境的能力強，能

掘地至一到兩公尺的深度。牠們的繁殖能力也很驚人，每年可以產下八千至兩萬五千顆卵（最高紀錄為三萬五千顆）！

臺灣在日治時期，曾為了防治蟲害，將海蟾蜍引入，不過，當時海蟾蜍沒有在臺灣成功建立族群。不幸的是，二〇二一年十一月，南投草屯竟也疑似有海蟾蜍出現！經過調查，更發現海蟾蜍已經落腳一陣子，且已經開始在臺灣繁殖與擴散。

由於海蟾蜍外觀與臺灣的本土種黑眶蟾蜍、盤古蟾蜍十分相似，因此若發現疑似個體，請拍照通報 FB 社團「臺灣兩棲類保育志工」，讓專人來協助處理，更不要將海蟾蜍帶回家飼養喔。

外

澄清湖出現隕石坑!?

臺灣遭遇大乾旱，高雄澄清湖乾枯，露出許多坑洞
怎麼會這樣？難道是隕石坑？
隕石們
那是雄吳郭魚挖的巢穴啦！一隻雄魚一個坑。

吳郭魚

Oreochromis sp.

身體呈橢圓形，側扁
背部隆起
尾鰭形狀多變，有圓也有凹形…等

二〇二一年臺灣遭遇大乾旱，中南部各地水庫、湖泊幾乎乾涸，這時有人驚訝地發現高雄澄清湖底有好多顆「隕石坑」，甚至還上了新聞。

哇，烏龍大啦！其實這些坑洞是雄吳郭魚的傑作啦！繁殖期間，公魚會「一個蘿蔔一個坑」地守候母魚到來。而母魚會將產下的卵含回嘴裡，公魚同時排精，母魚含著卵「漱口」，以助卵充分受精。

「吳郭魚」這個名字聽起來臺味十足，但牠其實是原產於非洲的慈鯛科魚類唷！牠們的種系十分繁雜，吳郭魚只是一個統稱。是因為將牠們引入臺灣的兩位先生吳振輝、郭啟彰而得名。近年又有人針對吳郭魚的品種改良優化，培育出有名的「臺灣鯛」。

吳郭魚對環境的適應力強，既耐鹽又耐低溶氧，下游大水溝幾乎都有牠們的身影。從水產的角度來說，這是超好養的魚，但當牠們入侵臺灣的野溪河流，就不是什麼好事情了。

外

不是煮熟的蝦子

美國螯蝦

Procambarus clarkia

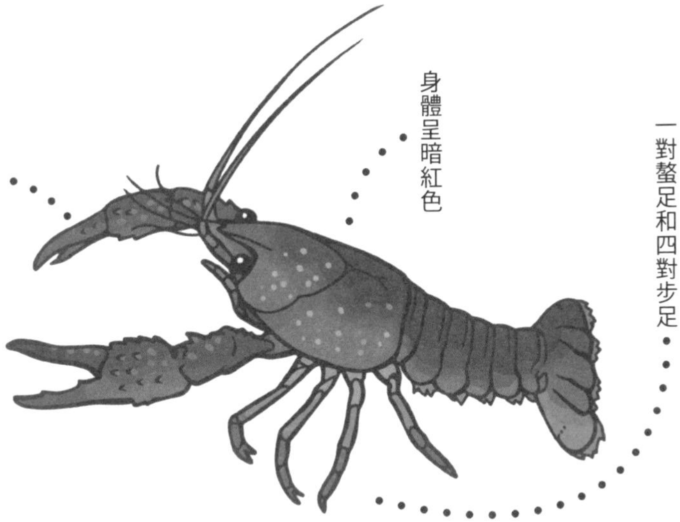

一對螯足和四對步足
身體呈暗紅色
螯通常細又長

美國螯蝦也被稱為「克氏原螯蝦」或「克氏原蝲（ㄌㄚˋ）蛄（ㄍㄨ）」，生活在各種溫暖的淺灘濕地水域中，通常一身暗紅色，不知道的人還以為牠是被煮熟了呢。

美國螯蝦原產於美國中南部至墨西哥北部，牠們成長、性成熟的速度快，能適應多種水質條件與季節性的暫時水域，甚至可以離水存活數天、前往下一個水域討生活。另外，母螯蝦的「抱卵」*習性也提升了寶寶的存活率，各種因素都讓美國螯蝦成為很好養殖的物種。

美國螯蝦不只好養，還很好吃！高食用價值令牠們佔據約八到九成的食用螯蝦市場，並被引入東亞地區，中國稱呼牠們為「小龍蝦」。但是當牠被丟棄到野外，卻成為強勢的外來種，會捕食兩生類、水生昆蟲、軟體動物和魚類等，當濕地生態被牠衝擊，也壓縮了原生種的居住空間。

除此之外，美國螯蝦的鑿洞習性還會破壞土堤與灌溉系統，造成農業與漁業的損失。但若為了防治美國螯蝦而施用化學藥劑，反而會進一步破壞環境，實在令人頭痛。

＊抱卵：各種蝦類、寄居蟹類、蟹類的雌性會將受精後的蛋沾附在腹部，等待一段時間孵化。

外

移除的痛

喔~

埃及聖䴉與常見白鷺鷥的大小比較
（繁殖羽）
小白鷺
黃頭鷺
埃及聖䴉
大白鷺
成群的繁殖
埃及聖䴉的
飛羽緣為黑色
埃及聖䴉蛋大小有如鴨蛋
黑頭白䴉是自然
出現在臺灣的候鳥，
易跟埃及聖䴉混淆。
飛羽緣為白色
三級飛羽淡灰色

埃及聖䴉

Threskiornis aethiopicus

埃及聖䴉（ㄒㄩㄢˊ）原產於非洲與中東地區，在埃及被視為「聖鳥」的牠們，為了觀賞目的被引入臺灣。由於動物園業者管理不當，造成一批埃及聖䴉逃脫，開始在野地繁殖，數量甚至一度多達三千隻，排擠了原生鷺科鳥類的生活空間。

由於埃及聖䴉看到人會飛走，移除不容易，使用獵槍是較有效的方式，但因為外界觀感不佳，早期只能透過破壞巢位、撿蛋的方式移除。這個方法不僅費時費力，也沒有顯著效果。二〇一九年開放使用獵槍移除後，效果顯著提升，二〇二一年大約只剩數百隻，我們也終於要走完最後一哩路了。

移除外來種是必要之惡，開槍看似殘忍，但至少可以快速有效、不給鳥帶來多餘痛苦。而從一開始就避免讓外來種逃逸，則是對牠們更根本的仁慈！

外

我的原生地就是主人的家

狗

Canis lupus familiaris

狗狗的尾巴能反映情緒
人類培育出的品系形形色色，外觀大不同

「原生種」的定義是「能夠自食其力、並且透過自己的力量移棲到某處的生物」。換句話說，被人類有意無意攜帶到各處的生物，就不是原生種，而是「外來種」。

以這個定義來看，儘管是居住在臺灣長達幾千年的「臺灣土狗、臺灣犬」，也符合外來種的定義，因為牠們是隨著南島語族一起來到臺灣，而後選育出來的品種。

因此就科學的定義，我們不能稱臺灣土狗為「原生種」，只能稱牠為「本土選育品系」。

先來思考：狗狗的原生地在哪裡呢？狗是灰狼的一個亞種，源自最早被人類馴化的一批灰狼*。至少一萬年來，狗的活動幾乎跟人形影不離，人們介入狗的血脈，培育出各式各樣的品系。因此，我們甚至可以把狗的原生地理解為「人類的聚落、我們的身邊」！貓也是同樣的情形。

如果將貓狗放養在山林中，不僅讓牠們餐風露宿、遭受各種威脅，還可能讓牠們與野生動物發生衝突，造成兩敗俱傷的局面。照顧好身邊的寵物，就是帶給毛寶貝和生態環境最大的幸福，就讓我們一起努力吧！

＊關於史前時代犬隻的起源地，可說是眾說紛紜，過去研究曾提出中東、歐洲、中亞、東亞等許多地方。

我家住哪裡？

請幫這些動物找到牠們回家的路吧～

小燕鷗・　　　・濕地・　　　・高山的涼涼石頭下

王錦蛇・　　　・農家・　　　・海邊沿岸礫石與沙地

山椒魚・　　　・海外・　　　・各種下游水域環境

吳郭魚・　　　・都市・　　　・公園耕地或人造物周邊

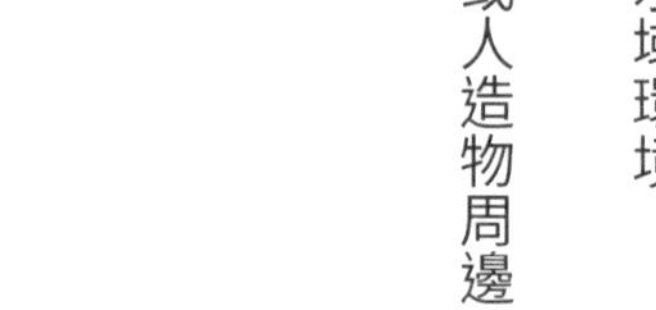

答案：

小燕鷗—濕地—海邊沿岸礫石與沙地

王錦蛇—都市—公園耕地或人造物周邊

山椒魚—山地—高山的涼涼石頭下

吳郭魚—海外—各種下游水域環境

南亞夜鷹・　　・都市・　　・高山的箭竹林與灌叢

臺灣水鹿・　　・農家・　　・城市頂樓的水泥地面

臺灣獼猴・　　・高山・　　・農地的荔枝與龍眼樹上

荔枝椿象・　　・海外・　　・攀爬在山區與農耕地的果樹上

答案：

南亞夜鷹—都市—城市頂樓的水泥地面

臺灣水鹿—山地—高山的箭竹林與灌叢

臺灣獼猴—農家—攀爬在山區與農耕地的果樹上

荔枝椿象—海外—農地的荔枝與龍眼樹上

臺灣擬啄木．　　．山地．　　．公園樹上的圓形洞洞

臺灣野兔．　　．都市．　　．河川附近的岩壁石穴與人造物

印度大田鱉．　　．農家．　　．人少的河岸草生地與耕地

臺灣紫嘯鶇．　　．濕地．　　．沒有污染的水田植被上

答案：

臺灣擬啄木—都市—公園樹上的圓形洞洞

臺灣野兔—山地—人少的河岸草生地與耕地

印度大田鱉—農家—沒有污染的水田植被上

臺灣紫嘯鶇—濕地—河川附近的岩壁石穴與人造物

赤腹松鼠・
臺灣鼴鼠・
美國螯蝦・
食蟹獴・

・海外・
・都市・
・濕地・
・農家・

・城市公園的樹木間跳躍
・溫暖的淺灘濕地水域裡
・乾淨的山林與溪流
・低海拔農田的地底下

答案：
赤腹松鼠－都市－城市公園的樹木間跳躍
臺灣鼴鼠－農家－低海拔農田的地底下
美國螯蝦－海外－溫暖的淺灘濕地水域裡
食蟹獴－濕地－乾淨的山林與溪流

歐亞水獺・	・山地・	・沒有污染的臺灣北部流域
七星鱧・	・濕地・	・山間村落中的二手樹洞
白尾八哥・	・海外・	・金門長滿植被的湖泊
山麻雀・	・農家・	・都市大樓的冷氣、窗戶間穿梭

答案：

歐亞水獺—濕地—金門長滿植被的湖泊
七星鱧—農家—沒有污染的臺灣北部流域
白尾八哥—海外—都市大樓的冷氣、窗戶間穿梭
山麻雀—山地—山間村落中的二手樹洞

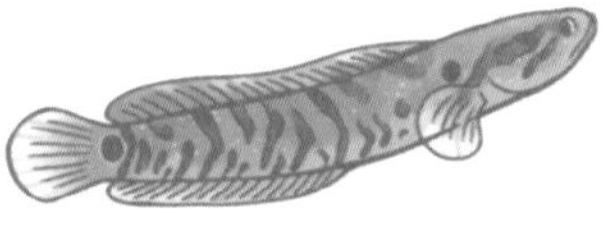

辨識大挑戰！

把正確的物種圖片和名稱配對起來吧～

 · · 白鶺鴒

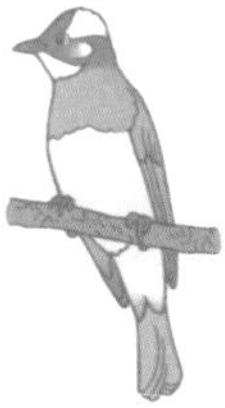 · · 擬龜殼花

 · · 王錦蛇

 · · 白頭翁

答案：

1—王錦蛇

2—白頭翁

3—白鶺鴒

4—擬龜殼花

· 臺灣鼴鼠

· 黑鳶

· 褐河烏

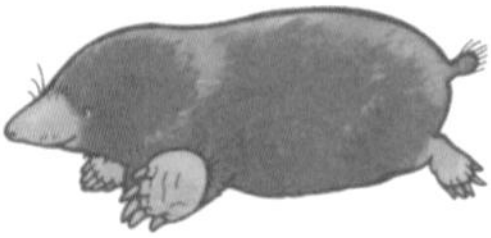

· 錢鼠

答案：

1—褐河烏

2—黑鳶

3—錢鼠

4—臺灣鼴鼠

·

·臺灣野山羊

·

·彩鷸

·

·臺灣竹雞

·

·臺灣水鹿

答案：

1—臺灣水鹿

2—臺灣野山羊

3—彩鷸

4—臺灣竹雞

· ·大卷尾

· ·臺灣紫嘯鶇

· ·鳳頭蒼鷹

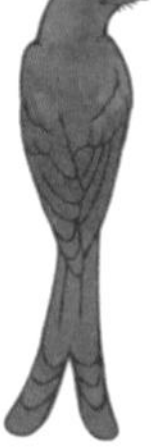

· ·黑翅鳶

答案：

1—臺灣紫嘯鶇

2—鳳頭蒼鷹

3—黑翅鳶

4—大卷尾

· ·龍眼雞

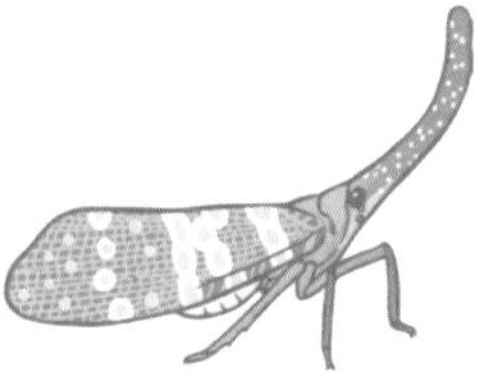

· ·綠鬣蜥

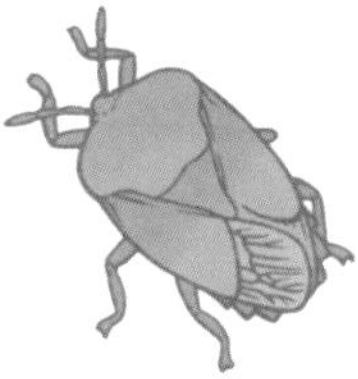

· ·荔枝椿象

· ·印度大田鱉

答案：

1—印度大田鱉
2—龍眼雞
3—荔枝椿象
4—綠鬣蜥

· ·吳郭魚

· ·食蛇龜

· ·阿里山山椒魚

· ·金龜

答案：

1—阿里山山椒魚

2—食蛇龜

3—吳郭魚

4—金龜

．　　　　．海蟾蜍

．　　　　．斑腿樹蛙

．　　　　．盤古蟾蜍

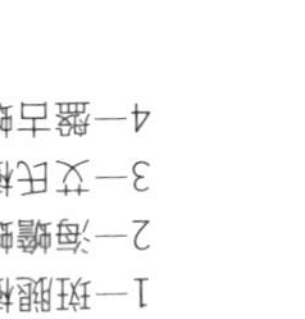

．　　　　．艾氏樹蛙

答案：

1—斑腿樹蛙

2—海蟾蜍

3—艾氏樹蛙

4—盤古蟾蜍

國家圖書館出版品預行編目資料

噢！原來你家住這裡：臺灣野生動物的呆萌宅宅日常 / 玉子 著. -- 初版. -- 臺北市：商周出版，英屬蓋曼群島商家庭傳媒股份有限公司城邦分公司發行, 民111.05 面： 公分 譯自：The benjamin files. ISBN 978-626-318-141-0（平裝） 1. CST: 野生動物 2.CST: 臺灣 385.33 111000173

噢！原來你家住這裡：臺灣野生動物的呆萌宅宅日常

作者／玉子
審訂／林大利、曾文宣、曾柏諺
企畫選書／梁燕樵
責任編輯／梁燕樵

版權／黃淑敏、林易萱
行銷業務／周佑潔、周丹蘋、賴正祐
總編輯／楊如玉
總經理／彭之琬
事業群總經理／黃淑貞
發行人／何飛鵬
法律顧問／元禾法律事務所 王子文律師
出版／商周出版
城邦文化事業股份有限公司
臺北市中山區民生東路二段141號9樓
電話：(02) 2500-7008 傳眞：(02) 2500-7759
E-mail：bwp.service@cite.com.tw
發行／英屬蓋曼群島商家庭傳媒股份有限公司城邦分公司
臺北市中山區民生東路二段141號2樓
書虫客服服務專線：(02) 2500-7718・(02) 2500-7719
24小時傳眞服務：(02) 2500-1990・(02) 2500-1991
服務時間：週一至週五09:30-12:00・13:30-17:00
郵撥帳號：19863813 戶名：書虫股份有限公司
E-mail：service@readingclub.com.tw
歡迎光臨城邦讀書花園 網址：www.cite.com.tw
香港發行所／城邦（香港）出版集團有限公司
香港灣仔駱克道193號東超商業中心1樓
電話：(852) 2508-6231 傳眞：(852) 2578-9337
E-mail：hkcite@biznetvigator.com
馬新發行所／城邦（馬新）出版集團 Cité (M) Sdn. Bhd.
41, Jalan Radin Anum, Bandar Baru Sri Petaling,
57000 Kuala Lumpur, Malaysia
電話：(603) 9057-8822 傳眞：(603) 9057-6622
E-mail：cite@cite.com.my

封面設計／FE
排版／新鑫電腦排版工作室
印刷／韋懋實業有限公司
經銷商／聯合發行股份有限公司
電話：(02) 2917-8022 傳眞：(02) 2911-0053
地址：新北市231新店區寶橋路235巷6弄6號2樓

■2022年（民111）5月初版1刷
定價 380 元

Printed in Taiwan
城邦讀書花園
www.cite.com.tw

ISBN：978-626-318-141-0

請於此處用膠水黏貼

商周出版

讀者回函卡

感謝您購買我們出版的書籍！請費心填寫此回函卡，我們將不定期寄上城邦集團最新的出版訊息。

線上版讀者回函卡

姓名：＿＿＿＿＿＿＿＿＿＿ 性別：□男 □女

生日：西元＿＿＿＿年＿＿＿＿月＿＿＿＿日

地址：＿＿＿＿＿＿＿＿＿＿

聯絡電話：＿＿＿＿＿＿ 傳真：＿＿＿＿＿＿

E-mail ：

學歷：□ 1. 小學 □ 2. 國中 □ 3. 高中 □ 4. 大學 □ 5. 研究所以上

職業：□ 1. 學生 □ 2. 軍公教 □ 3. 服務 □ 4. 金融 □ 5. 製造 □ 6. 資訊

□ 7. 傳播 □ 8. 自由業 □ 9. 農漁牧 □ 10. 家管 □ 11. 退休

□ 12. 其他＿＿＿＿＿＿

您從何種方式得知本書消息？

□ 1. 書店 □ 2. 網路 □ 3. 報紙 □ 4. 雜誌 □ 5. 廣播 □ 6. 電視

□ 7. 親友推薦 □ 8. 其他＿＿＿＿＿＿

您通常以何種方式購書？

□ 1. 書店 □ 2. 網路 □ 3. 傳真訂購 □ 4. 郵局劃撥 □ 5. 其他＿＿＿＿

您喜歡閱讀那些類別的書籍？

□ 1. 財經商業 □ 2. 自然科學 □ 3. 歷史 □ 4. 法律 □ 5. 文學

□ 6. 休閒旅遊 □ 7. 小說 □ 8. 人物傳記 □ 9. 生活、勵志 □ 10. 其他

對我們的建議：＿＿＿＿＿＿＿＿＿＿

＿＿＿＿＿＿＿＿＿＿

＿＿＿＿＿＿＿＿＿＿

請於此處用膠水黏貼